文《ぶん》章《しょう》題《だい》のたからさがし

1ページ　おわるごとに　シールを　1つずつ
じゅんばんに　はろう！
ぜんぶ　は……ら！

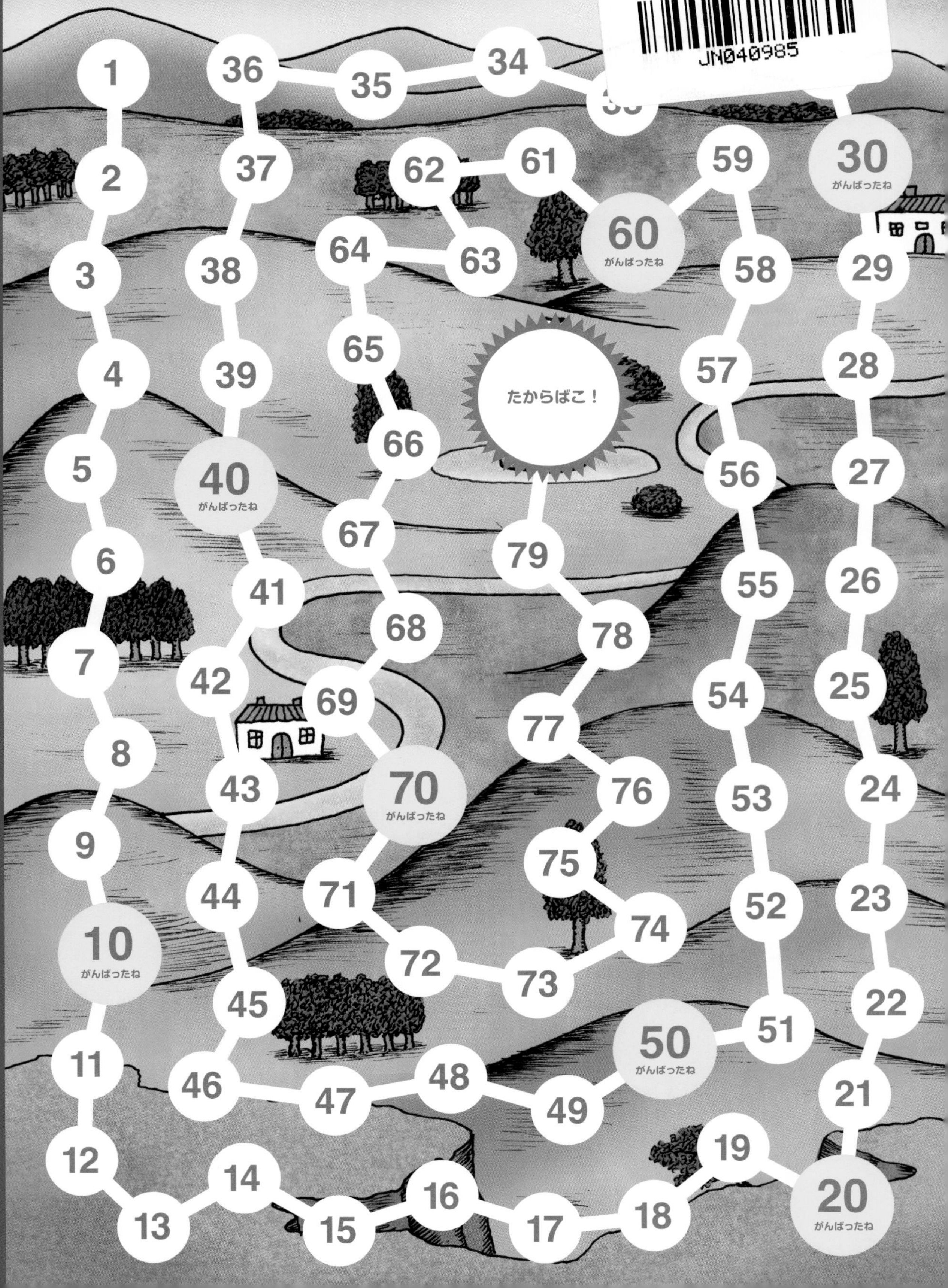

このドリルの特長と使い方

このドリルは,「文章から式を立てる力を養う」ことを目的としたドリルです。単元ごとに「理解するページ」と「くりかえし練習するページ」をもうけて，段階的に問題の解き方を学ぶことができます。

① りかい

式の立て方を理解するページです。式の立て方のヒントが載っていますので，これにそって問題の解き方を学習しましょう。
ヒントは段階的になっていますので，無理なくレベルアップできます。

1 たしざん たしざん① りかい
こたえは べっさつ 1ページ
しき25てん こたえ25てん
1 りんごが 3こ あります。いちごが 2こ あります。あわせて なんこ ありますか。
[しき] + =
[こたえ] こ
2 あかい かさが 4ほん あります。きいろい かさが 3ぼん あります。かさは あわせて なんぼん ありますか。
[しき] + =
[こたえ] ほん

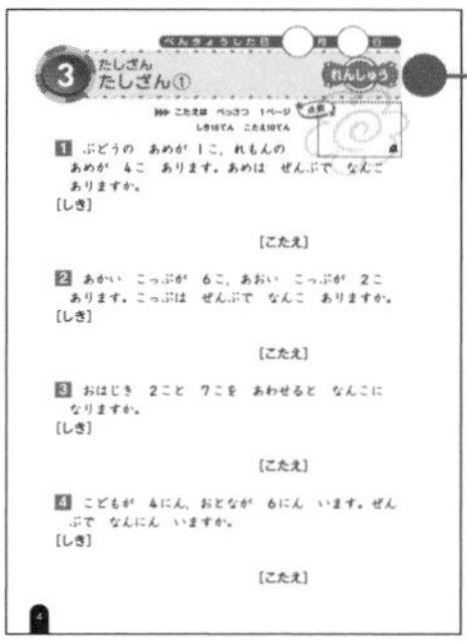
3 たしざん たしざん① れんしゅう
こたえは べっさつ 1ページ
しき15てん こたえ10てん
1 ぶどうの あめが 1こ，れもんの あめが 4こ あります。あめは ぜんぶで なんこ ありますか。
[しき]
[こたえ]
2 あかい こっぷが 6こ，あおい こっぷが 2こ あります。こっぷは ぜんぶで なんこ ありますか。
[しき]
[こたえ]
3 おはじき 2こと 7こを あわせると なんこに なりますか。
[しき]
[こたえ]
4 こどもが 4にん，おとなが 6にん います。ぜんぶで なんにん いますか。
[しき]
[こたえ]

② れんしゅう

「理解」で学習したことを身につけるために，くりかえし練習するページです。「理解」で学習したことを思い出しながら問題を解いていきましょう。

③ チャレンジ

間違えやすい問題は，別に単元を設けています。こちらも「理解」→「練習」と段階をふんでいますので，重点的に学習することができます。

もくじ

編集協力／NaNa　校正／㈱東京出版サービスセンター　装丁デザイン／株式会社しろいろ
装丁イラスト／山内和朗　シールイラスト／北田哲也　本文デザイン／大滝奈緒子（ブラン・グラフ）　本文イラスト／西村博子

べんきょうした日　　月　　日

1 たしざん
たしざん①

りかい

▶▶▶ こたえは　べっさつ　1ページ

しき25てん　こたえ25てん

点数　　　点

1 りんごが　3こ　あります。いちごが

りんごの　かず

2こ　あります。あわせて　なんこ　ありますか。

いちごの　かず　　　　りんごと　いちごを　あわせた　かず

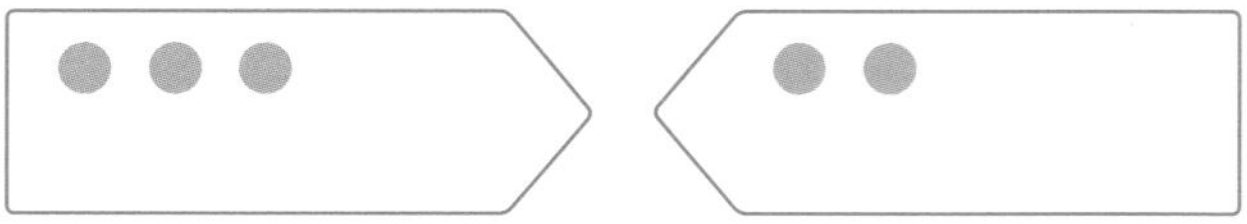

[しき] □ ＋ □ ＝ □

りんごの　かず　　いちごの　かず　　あわせた　かず

あわせた　かずは
たしざんで　もとめます。

[こたえ] □ こ

2 あかい　かさが　4ほん　あります。きいろい　かさ

あかい　かさの　かず

が　3ぼん　あります。かさは　あわせて　なんぼん

きいろい　かさの　かず　　　あかい　かさと　きいろい　かさを　あわせた　かず

ありますか。

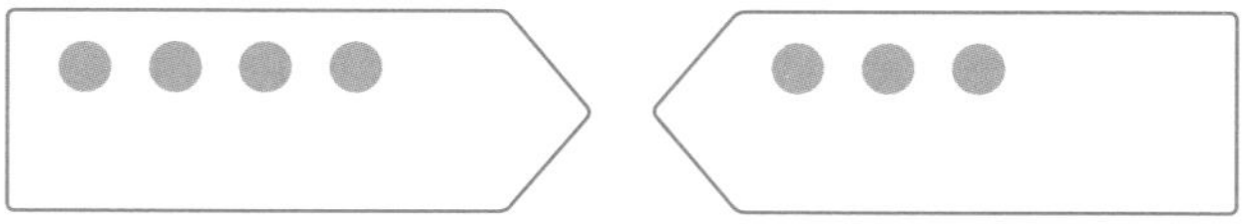

[しき] □ ＋ □ ＝ □

あかい　かさの　かず　　きいろい　かさの　かず　　あわせた　かず

あわせた　かずは
たしざんで　もとめます。

[こたえ] □ ほん

2 たしざん

たしざん①

りかい

▶▶▶ こたえは　べっさつ　1ページ

しき25てん　こたえ25てん

点数　　点

1 おとこのこが　4にん《おとこのこの　かず》　います。おんなのこが　5にん《おんなのこの　かず》　います。ぜんぶで　なんにん《おとこのこと　おんなのこを　あわせた　かず》　いますか。

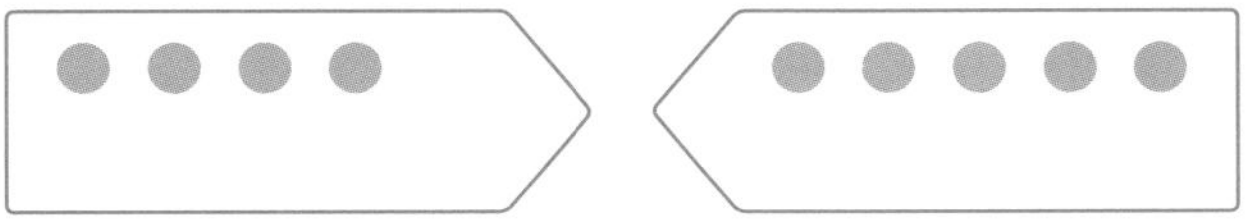

[しき] ☐ ＋ ☐ ＝ ☐

[こたえ] ☐ にん

2 しろい　はなが　3ぼん《しろい　はなの　かず》　さいて　います。あかい　はなが　7ほん《あかい　はなの　かず》　さいて　います。はなは　ぜんぶで《しろい　はなと　あかい　はなを》　なんぼん《あわせた　かず》　さいて　いますか。

[しき] ☐ ＋ ☐ ＝ ☐

[こたえ] ☐ ぽん

3 たしざん
たしざん①

れんしゅう

▶▶▶ こたえは　べっさつ　1ページ

しき15てん　こたえ10てん

点数

点

1 ぶどうの　あめが　1こ，れもんの　あめが　4こ　あります。あめは　ぜんぶで　なんこ　ありますか。

[しき]

[こたえ]

2 あかい　こっぷが　6こ，あおい　こっぷが　2こ　あります。こっぷは　ぜんぶで　なんこ　ありますか。

[しき]

[こたえ]

3 おはじき　2こと　7こを　あわせると　なんこに　なりますか。

[しき]

[こたえ]

4 こどもが　4にん，おとなが　6にん　います。ぜんぶで　なんにん　いますか。

[しき]

[こたえ]

べんきょうした日　　月　　日

4 たしざん
たしざん①

れんしゅう

▶▶▶ こたえは　べっさつ　1ページ

点数

しき15てん　こたえ10てん

点

1 しろい　いぬが　2ひき，くろい　いぬが　3びき　います。いぬは　ぜんぶで　なんびき　いますか。

[しき]

[こたえ]

2 あかい　くるまが　6だい，あおい　くるまが　1だい　あります。くるまは　ぜんぶで　なんだい　ありますか。

[しき]

[こたえ]

3 あんぱんが　3こ，めろんぱんが　3こ　あります。ぱんは　ぜんぶで　なんこ　ありますか。

[しき]

[こたえ]

4 ずかんが　2さつ，えほんが　8さつ　あります。ほんは　ぜんぶで　なんさつ　ありますか。

[しき]

[こたえ]

べんきょうした日　　月　　日

5 たしざん
たしざん②

りかい

▶▶▶ こたえは　べっさつ　2ページ

しき25てん　こたえ25てん

点数　　点

1 ねこが　3びき　います。1ぴき　きました。ねこは　ぜんぶで　なんびきに　なりましたか。

（3びき：さいしょの　かず）（1ぴき：ふえた　かず）（ぜんぶで　なんびきに：ぜんぶの　ねこの　かず）

[しき]　□（さいしょの　かず）　＋　□（ふえた　かず）　＝　□（ぜんぶの　かず）

ぜんぶの　かずは
たしざんで　もとめます。

[こたえ]　□　ひき

2 くるまが　2だい　とまって　います。6だい　きました。くるまは　ぜんぶで　なんだいに　なりましたか。

（2だい：さいしょの　かず）（6だい：ふえた　かず）（ぜんぶで　なんだいに：ぜんぶの　くるまの　かず）

[しき]　□（さいしょの　かず）　＋　□（ふえた　かず）　＝　□（ぜんぶの　かず）

ぜんぶの　かずは
たしざんで　もとめます。

[こたえ]　□　だい

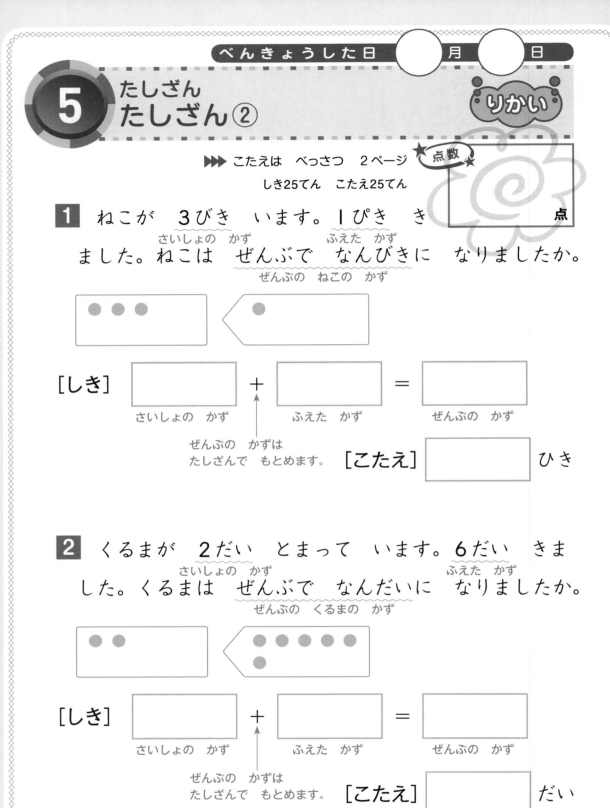

べんきょうした日　　月　　日

6 たしざん
たしざん②

りかい

こたえは　べっさつ　2ページ

しき25てん　こたえ25てん

点数　　点

1 おりがみが　3まい　あります。
さいしょの　かず
4まい　もらいました。おりがみは　ぜんぶで　なんま
もらった　かず　　　　　　　　　ぜんぶの　おりがみの　かず
いに　なりましたか。

[しき] □ ＋ □ ＝ □

[こたえ] □ まい

2 きんぎょが　すいそうに　8ひき　います。そこに
さいしょの　かず
2ひき　いれると，きんぎょは　ぜんぶで　なんびきに
ふえた　かず　　　　　　　　　ぜんぶの　きんぎょの　かず
なりますか。

[しき] □ ＋ □ ＝ □

[こたえ] □ ぴき

べんきょうした日　　月　　日

7 たしざん
たしざん②

れんしゅう

▶▶▶ こたえは　べっさつ　2ページ

点数　　点

しき15てん　こたえ10てん

1 さるが　1ぴき　います。2ひき　きました。さるは　ぜんぶで　なんびきに　なりましたか。

[しき]

[こたえ]

2 えんぴつが　5ほん　あります。おかあさんに　2ほん　もらいました。えんぴつは　ぜんぶで　なんぼんに　なりましたか。

[しき]

[こたえ]

3 あめが　2こ　あります。4こ　かいました。あめは　ぜんぶで　なんこに　なりましたか。

[しき]

[こたえ]

4 あひるが　6わ　います。4わ　きました。あひるは　ぜんぶで　なんわに　なりましたか。

[しき]

[こたえ]

べんきょうした日　　月　　日

8 たしざん
たしざん②

れんしゅう

▶▶▶ こたえは　べっさつ　2ページ

点数　　点

しき15てん　こたえ10てん

1　みかんが　4こ　あります。2こ　もらいました。みかんは　ぜんぶで　なんこに　なりましたか。

[しき]

[こたえ]

2　こどもが　3にん　います。6にん　きました。こどもは　ぜんぶで　なんにんに　なりましたか。

[しき]

[こたえ]

3　くれよんが　4ほん　あります。4ほん　もらうと，くれよんは　ぜんぶで　なんぼんに　なりますか。

[しき]

[こたえ]

4　かえるが　7ひき　います。3びき　きました。かえるは　ぜんぶで　なんびきに　なりましたか。

[しき]

[こたえ]

9 たしざん
たしざん③

りかい

▶▶▶ こたえは　べっさつ　2ページ

点数

しき25てん　こたえ25てん

点

1 たまいれを　しました。１かいめに　3こ《1かいめ》，2かいめに　0こ《2かいめ》　はいりました。あわせて《1かいめと　2かいめを》　なんこ《あわせた　かず》　はいりましたか。

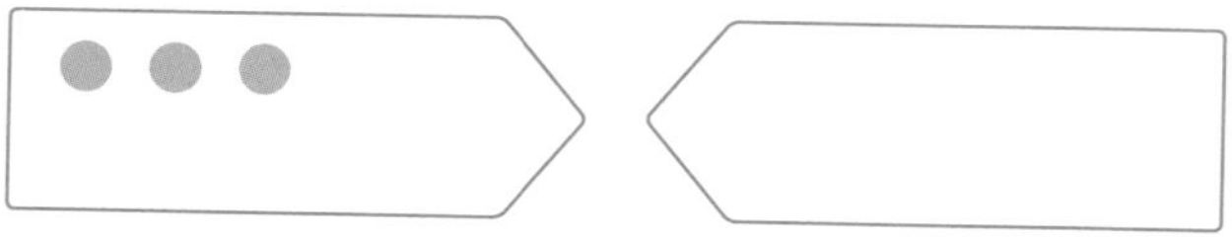

[しき] ☐ ＋ ☐ ＝ ☐

１かいめ　　2かいめ　　あわせた　かず

あわせた　かずは
たしざんで　もとめます。

[こたえ] ☐ こ

2 わなげを　しました。１かいめに　0こ《1かいめ》，2かいめに　2こ《2かいめ》　はいりました。あわせて《1かいめと　2かいめを》　なんこ《あわせた　かず》　はいりましたか。

[しき] ☐ ＋ ☐ ＝ ☐

[こたえ] ☐ こ

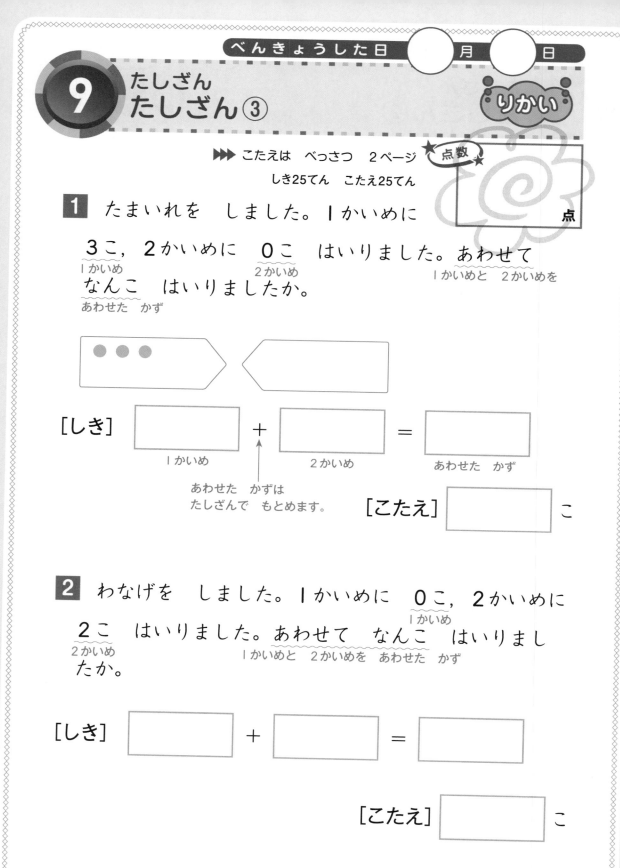

10 たしざん たしざん③

れんしゅう

▶▶▶こたえは　べっさつ　3ページ

点数

しき15てん　こたえ10てん

点

1 たまいれで　1かいめに　2こ，2かいめに　0こ　はいりました。あわせて　なんこ　はいりましたか。

[しき]

[こたえ]

2 わなげで　1かいめに　5こ，2かいめに　0こ　はいりました。あわせて　なんこ　はいりましたか。

[しき]

[こたえ]

3 たまいれで　1かいめに　0こ，2かいめに　4こ　はいりました。あわせて　なんこ　はいりましたか。

[しき]

[こたえ]

4 わなげで　1かいめに　0こ，2かいめに　0こ　はいりました。あわせて　なんこ　はいりましたか。

[しき]

[こたえ]

11 たしざん
たしざん④

りかい

▶▶▶こたえは　べっさつ　3ページ

点数　　点

しき25てん　こたえ25てん

1 しろい　うさぎが　10ぴき，くろい　うさぎが　2ひき　います。うさぎは　あわせて　なんびき　いますか。

（10ぴき：しろい　うさぎの　かず）
（2ひき：くろい　うさぎの　かず）
（あわせて　なんびき：しろい　うさぎと　くろい　うさぎを　あわせた　かず）

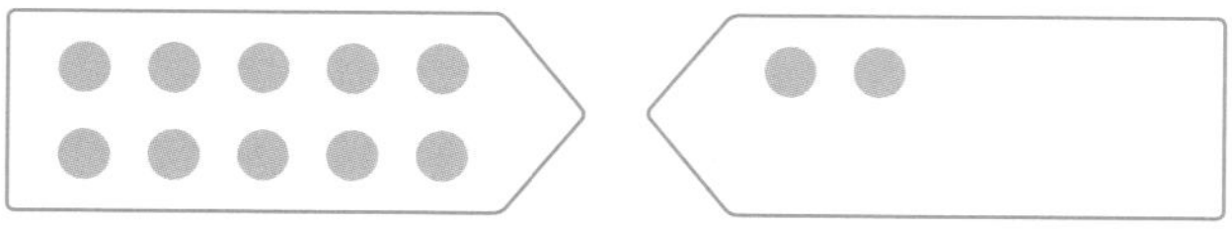

[しき]　□　＋　□　＝　□

しろい　うさぎの　かず　｜　くろい　うさぎの　かず　｜　あわせた　かず

あわせた　かずは　たしざんで　もとめます。

[こたえ]　□　ひき

2 おはじきが　13こ　あります。5こ　もらうと，おはじきは　ぜんぶで　なんこに　なりますか。

（13こ：さいしょの　かず）
（5こ：ふえた　かず）
（ぜんぶで　なんこ：ぜんぶの　おはじきの　かず）

[しき]　□　＋　□　＝　□

[こたえ]　□　こ

べんきょうした日　　月　　日

12 たしざん
たしざん④

れんしゅう

▶▶▶ こたえは　べっさつ　3ページ

しき15てん　こたえ10てん

点数　　点

1 ぺんぎんが　10わ　います。3わ　くると，ぺんぎんは　ぜんぶで　なんわに　なりますか。

[しき]

[こたえ]

2 あかい　ふうせんが　10こ，あおい　ふうせんが　8こ　あります。ふうせんは　ぜんぶで　なんこ　ありますか。

[しき]

[こたえ]

3 けしごむが　12こ　あります。おねえさんに　4こ　もらいました。けしごむは　ぜんぶで　なんこに　なりましたか。

[しき]

[こたえ]

4 こどもが　13にん，おとなが　6にん　います。ぜんぶで　なんにん　いますか。

[しき]

[こたえ]

13 たしざん たしざん⑤

りかい

▶▶▶ こたえは　べっさつ　3ページ

点数　　点

しき25てん　こたえ25てん

1 おとこのこが　9にん　います。おんなのこが　3にん　います。あわせて　なんにん　いますか。

（9にん：おとこのこの　かず）（3にん：おんなのこの　かず）（あわせて　なんにん：おとこのこと　おんなのこを　あわせた　かず）

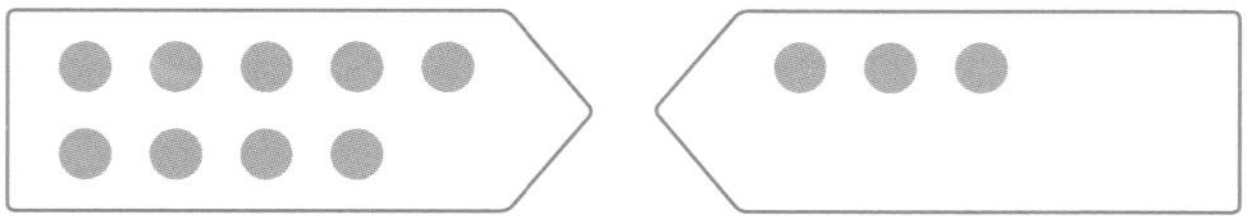

[しき]　□ ＋ □ ＝ □

おとこのこの　かず　　おんなのこの　かず　　あわせた　かず

あわせた　かずは
たしざんで　もとめます。

[こたえ]　□　にん

2 あかい　ぼうしが　4こ　あります。あおい　ぼうしが　8こ　あります。ぼうしは　あわせて　なんこ　ありますか。

（4こ：あかい　ぼうしの　かず）（8こ：あおい　ぼうしの　かず）（あわせて　なんこ：あかい　ぼうしと　あおい　ぼうしを　あわせた　かず）

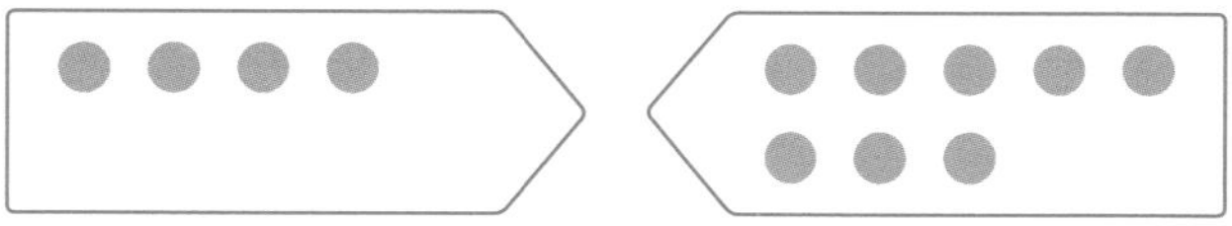

[しき]　□ ＋ □ ＝ □

あかい　ぼうしの　かず　　あおい　ぼうしの　かず　　あわせた　かず

あわせた　かずは
たしざんで　もとめます。

[こたえ]　□　こ

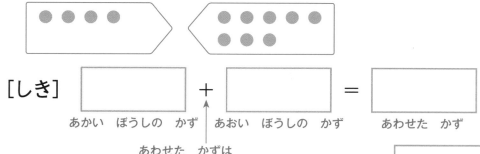

14 たしざん
たしざん⑤

りかい

▶▶▶ こたえは　べっさつ　3ページ

点数　　点

しき25てん　こたえ25てん

1 しろい　たまごが　7こ，ちゃいろい

しろい　たまごの　かず

たまごが　6こ　あります。たまごは　あわせて　なん

ちゃいろい　たまごの　かず　　しろい　たまごと　ちゃいろい

こ　ありますか。

たまごを　あわせた　かず

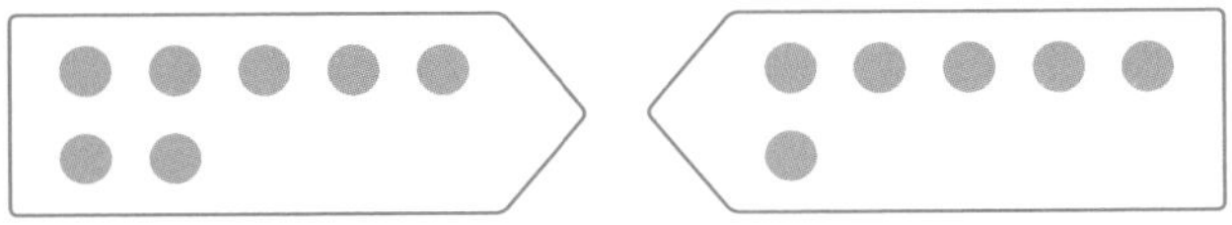

[しき]　□ ＋ □ ＝ □

[こたえ]　□ こ

2 いちごの　けえきが　8こ，ちょこれえとの　けえき

いちごの　けえきの　かず

が　9こ　あります。けえきは　ぜんぶで　なんこ　あ

ちょこれえとの　けえきの　かず　　いちごの　けえきと　ちょこれえとの

りますか。

けえきを　あわせた　かず

[しき]　□ ＋ □ ＝ □

[こたえ]　□ こ

15 たしざん たしざん⑤

れんしゅう

こたえは　べっさつ　4ページ

点数　　点

しき15てん　こたえ10てん

1 おとなが　8にん　います。こどもが　4にん　います。あわせて　なんにん　いますか。

[しき]

[こたえ]

2 いちごの　がむが　5こ，ぶどうの　がむが　9こ　あります。がむは　ぜんぶで　なんこ　ありますか。

[しき]

[こたえ]

3 あかい　あさがおが　6こ，しろい　あさがおが　8こ　さいて　います。あわせて　なんこ　さいて　いますか。

[しき]

[こたえ]

4 おりがみ　4まいと　7まいを　あわせると　なんまいに　なりますか。

[しき]

[こたえ]

16 たしざん
たしざん⑤

れんしゅう

▶▶▶ こたえは　べっさつ　4ページ

点数　　点

しき15てん　こたえ10てん

1 あおい　くつが　9そく，しろい　くつが　4そく　あります。くつは　あわせて　なんそく　ありますか。

[しき]

[こたえ]

2 おとこのこが　5にん，おんなのこが　8にん　あそんで　います。ぜんぶで　なんにん　いますか。

[しき]

[こたえ]

3 くまの　ぬいぐるみが　7こ，うさぎの　ぬいぐるみが　8こ　あります。ぬいぐるみは　ぜんぶで　なんこ　ありますか。

[しき]

[こたえ]

4 1ねんせいが　9にん　います。2ねんせいが　9にん　います。あわせて　なんにん　いますか。

[しき]

[こたえ]

べんきょうした日　　月　　日

17 たしざん
たしざん⑤

れんしゅう

▶▶▶ こたえは　べっさつ　4ページ

しき15てん　こたえ10てん

点数　　点

1 きんぎょが　いけに　7ひき，すいそうに　5ひき　います。きんぎょは　ぜんぶで　なんびき　いますか。

[しき]

[こたえ]

2 こどもが　ぶらんこで　6にん，すべりだいで　9にん　あそんで　います。ぜんぶで　なんにん　いますか。

[しき]

[こたえ]

3 どうわが　8さつ，ものがたりが　8さつ　あります。ほんは　ぜんぶで　なんさつ　ありますか。

[しき]

[こたえ]

4 しろぐみが　9にん，あかぐみが　7にん　います。あわせて　なんにん　いますか。

[しき]

[こたえ]

べんきょうした日　　月　　日

18 たしざんの　まとめ①

おやつは　なにかな？

▶▶▶ こたえは べっさつ 4ページ

きょうの　おやつは，まどかさんの　すきな　ものです。
もんだいを　といて，こたえの　すうじが　おおきい
じゅんに　ひらがなを　ならべて　みましょう。

しろい ねこが 2ひき，くろい ねこが 8ぴき います。ねこは ぜんぶで なんびき いますか。

□ ぴき　　ち

えんぴつが 5ほん あります。3ぼん もらうと，えんぴつは ぜんぶで なんぼんに なりますか。

□ ほん　　ご

おんなのこが 7にん，おとこのこが 6にん います。あわせて なんにん いますか。

□ にん　　い

こたえ □□□

19 たしざん
たしざん⑥

りかい

▶▶▶ こたえは　べっさつ　4ページ

点数　　点

しき25てん　こたえ25てん

1 いぬが　8ひき　います。3びき　きました。いぬは　ぜんぶで　なんびきに　なりましたか。

（8ひき：さいしょの　かず　3びき：ふえた　かず　ぜんぶで　なんびきに：ぜんぶの　いぬの　かず）

[しき] □ ＋ □ ＝ □

さいしょの　かず　　ふえた　かず　　ぜんぶの　かず

ぜんぶの　かずは
たしざんで　もとめます。

[こたえ] □ ぴき

2 いろがみが　4まい　あります。9まい　もらいました。いろがみは　ぜんぶで　なんまいに　なりましたか。

（4まい：さいしょの　かず　9まい：ふえた　かず　ぜんぶで　なんまいに：ぜんぶの　いろがみの　かず）

[しき] □ ＋ □ ＝ □

さいしょの　かず　　ふえた　かず　　ぜんぶの　かず

ぜんぶの　かずは
たしざんで　もとめます。

[こたえ] □ まい

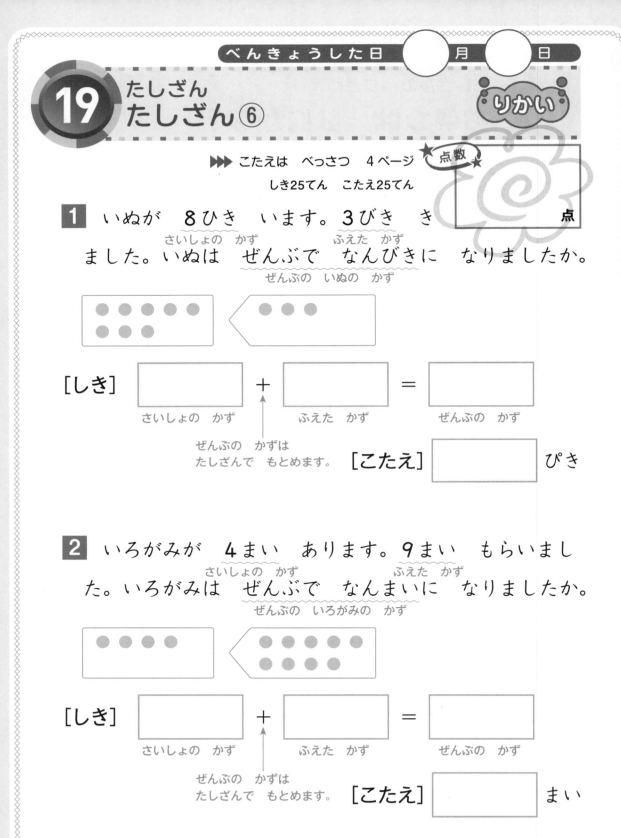

べんきょうした日　　月　　日

20 たしざん
たしざん⑥

りかい

▶▶▶ こたえは　べっさつ　5ページ

点数

しき25てん　こたえ25てん

点

1 ひよこが　6わ《さいしょの かず》　います。7わ《ふえた かず》　きました。ひよこは　ぜんぶで　なんわに《ぜんぶの ひよこの かず》　なりましたか。

[しき]　□ ＋ □ ＝ □

[こたえ]　□ わ

2 しいるを　9まい《さいしょの かず》　もって　います。おにいさんに　8まい《ふえた かず》　もらいました。しいるは　ぜんぶで　なんまい《ぜんぶの しいるの かず》に　なりましたか。

[しき]　□ ＋ □ ＝ □

[こたえ]　□ まい

べんきょうした日　　月　　日

21 たしざん たしざん⑥

れんしゅう

▶▶▶ こたえは　べっさつ　5ページ

しき15てん　こたえ10てん

点数　　点

1 すずめが　9わ　います。2わ　とんで　きました。すずめは　ぜんぶで　なんわに　なりましたか。

[しき]

[こたえ]

2 きってが　5まい　あります。7まい　かいました。きっては　ぜんぶで　なんまいに　なりましたか。

[しき]

[こたえ]

3 かめが　7ひき　います。7ひき　きました。かめは　ぜんぶで　なんびきに　なりましたか。

[しき]

[こたえ]

4 いけに　こいが　5ひき　います。6ぴき　いれると，こいは　ぜんぶで　なんびきに　なりますか。

[しき]

[こたえ]

べんきょうした日　　月　　日

22 たしざん たしざん⑥

れんしゅう

こたえは　べっさつ　5ページ

点数

しき15てん　こたえ10てん

点

1 こどもが　8にん　あそんで　います。5にん　きました。こどもは　ぜんぶで　なんにんに　なりましたか。

[しき]

[こたえ]

2 かぶとむしが　2ひき　います。9ひき　とんで　きました。かぶとむしは　ぜんぶで　なんびきに　なりましたか。

[しき]

[こたえ]

3 ぱんが　8こ　あります。7こ　もらいました。ぱんは　ぜんぶで　なんこに　なりましたか。

[しき]

[こたえ]

4 はがきが　9まい　あります。6まい　かいました。はがきは　ぜんぶで　なんまいに　なりましたか。

[しき]

[こたえ]

べんきょうした日　　月　　日

23 たしざん

たしざん⑥

れんしゅう

▶▶▶ こたえは　べっさつ　5ページ

しき15てん　こたえ10てん

点数　　　点

1 えんぴつが　3ぼん　あります。8ほん　かいました。えんぴつは　ぜんぶで　なんぼんに　なりましたか。

[しき]

[こたえ]

2 ふうせんが　3こ　あります。9こ　もらいました。ふうせんは　ぜんぶで　なんこに　なりましたか。

[しき]

[こたえ]

3 ふねが　6そう　とまって　います。6そう　きました。ふねは　ぜんぶで　なんそうに　なりましたか。

[しき]

[こたえ]

4 はなが　8こ　さいて　います。きょう　6こ　さきました。はなは　ぜんぶで　なんこ　さいて　いますか。

[しき]

[こたえ]

べんきょうした日　　月　　日

24

たしざんの　まとめ②

かったのは　だれ？

こたえは べっさつ 5ページ

きつね，ひつじ，たぬきが　かけっこを　しました。
もんだいの　こたえの　すうじが　いちばん　おおきい　どうぶつが　かちました。
かったのは　どの　どうぶつですか？

きつね

いろがみが 5まい あります。
6まい もらいました。いろがみは ぜんぶで なんまいに なりましたか。

[　　] まい

ひつじ

こどもが 7にん います。
8にん きました。こどもは ぜんぶで なんにんに なりましたか。

[　　] にん

たぬき

りんごが 9こ あります。
4こ かって きました。りんごは ぜんぶで なんこに なりましたか。

[　　] こ

こたえ [　　]

25 たしざん
たしざん⑦

りかい

▶▶▶ こたえは　べっさつ　6ページ

点数　　点

しき25てん　こたえ25てん

1 あかい　おりがみが　20まい，　あおい

あかい　おりがみの　かず

おりがみが　30まい　あります。おりがみは　あわせ

あおい　おりがみの　かず

て　なんまい　ありますか。

あかい　おりがみと　あおい　おりがみを　あわせた　かず

[しき]　　＋　　＝

あかい　おりがみの　かず　　あおい　おりがみの　かず　　あわせた　かず

あわせた　かずは
たしざんで　もとめます。

[こたえ]　　まい

2 いろがみが　40まい　あります。6まい　もらうと，

さいしょの　かず　　ふえた　かず

いろがみは　ぜんぶで　なんまいに　なりますか。

ぜんぶの　いろがみの　かず

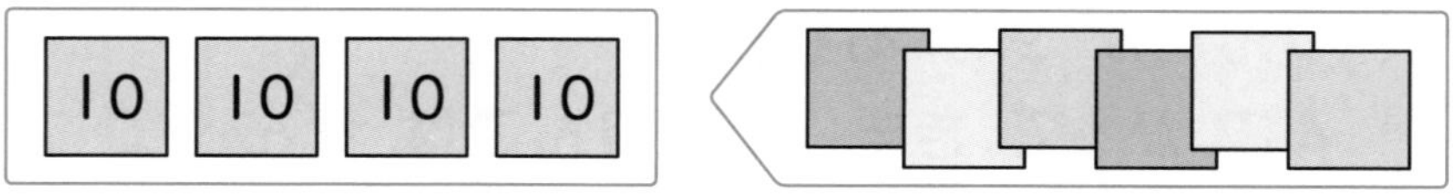

[しき]　　＋　　＝

[こたえ]　　まい

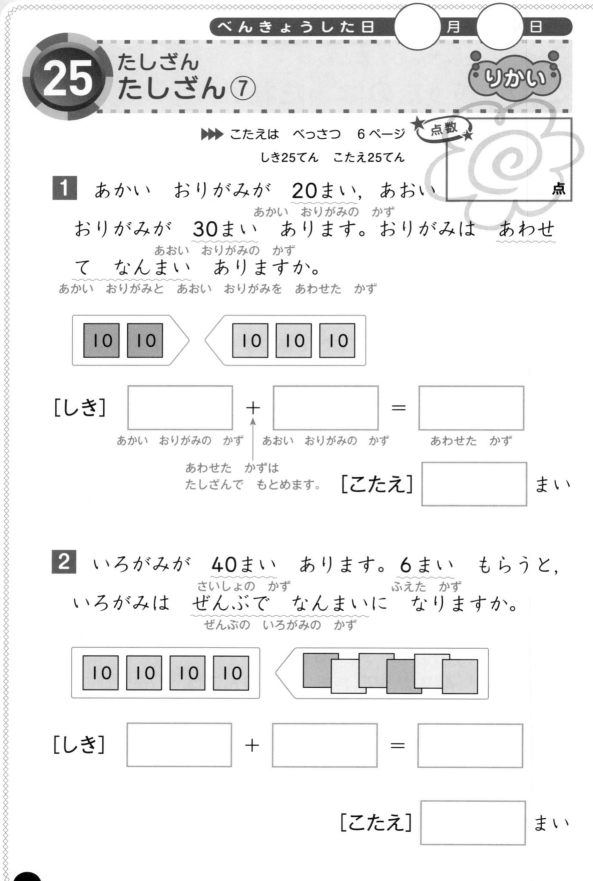

べんきょうした日　　月　　日

26 たしざん
たしざん⑦

れんしゅう

▶▶▶ こたえは　べっさつ　6ページ

点数　　点

しき15てん　こたえ10てん

1 おはじきが　50こ　あります。20こ　もらうと，おはじきは　ぜんぶで　なんこに　なりますか。

[しき]

[こたえ]

2 おとなが　30にん，こどもが　70にん　います。あわせて　なんにん　いますか。

[しき]

[こたえ]

3 あかい　えんぴつが　60ぽん　あります。あおい　えんぴつが　8ほん　あります。えんぴつは　あわせて　なんぼん　ありますか。

[しき]

[こたえ]

4 たまごが　90こ　あります。にわとりが　きょう　4こ　うみました。たまごは　ぜんぶで　なんこに　なりましたか。

[しき]

[こたえ]

27 たしざん たしざん⑧

りかい

▶▶▶こたえは　べっさつ　6ページ

点数　点

しき25てん　こたえ25てん

1 きいろい　おりがみが　21まい，あおい　おりがみが　4まい　あります。おりがみは　あわせて　なんまい　ありますか。

（21まい：きいろい　おりがみの　かず）
（4まい：あおい　おりがみの　かず）
（あわせて　なんまい：きいろい　おりがみと　あおい　おりがみを　あわせた　かず）

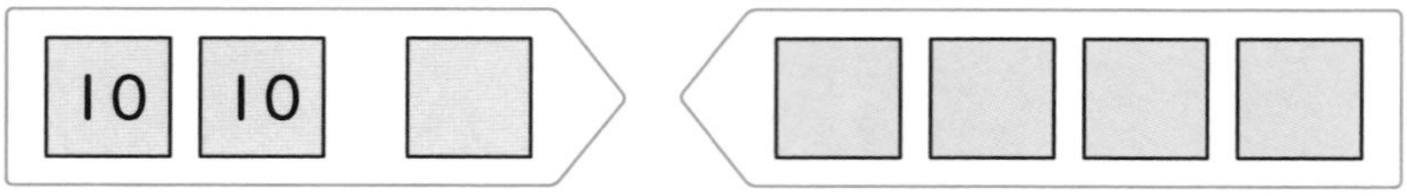

[しき]　　＋　　＝

きいろい　おりがみの　かず　／　あおい　おりがみの　かず　／　あわせた　かず

あわせた　かずは
たしざんで　もとめます。

[こたえ]　　まい

2 いろがみが　32まい　あります。5まい　もらうと，いろがみは　ぜんぶで　なんまいに　なりますか。

（32まい：さいしょの　かず）
（5まい：ふえた　かず）
（ぜんぶで　なんまいに：ぜんぶの　いろがみの　かず）

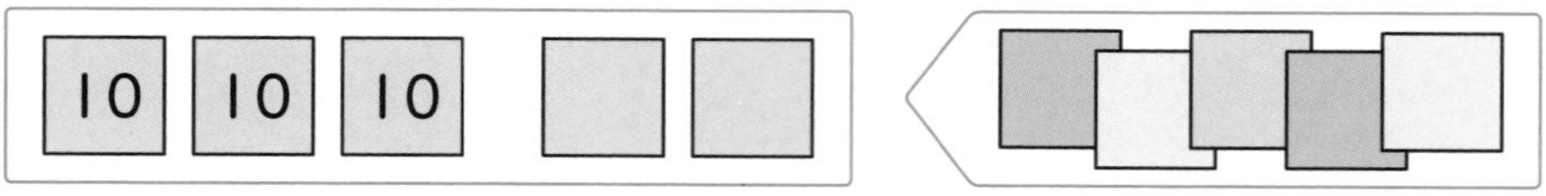

[しき]　　＋　　＝

[こたえ]　　まい

べんきょうした日　　月　　日

28 たしざん
たしざん⑧

れんしゅう

▶▶▶ こたえは　べっさつ　6ページ

点数　　点

しき15てん　こたえ10てん

1 あかい　かさが　65ほん，くろい　かさが　3ぼん　あります。かさは　あわせて　なんぼん　ありますか。

[しき]

[こたえ]

2 きってが　95まい　あります。4まい　もらいました。きっては　ぜんぶで　なんまいに　なりましたか。

[しき]

[こたえ]

3 しろい　ぼうしが　46こ，あかい　ぼうしが　1こ　あります。ぼうしは　あわせて　なんこ　ありますか。

[しき]

[こたえ]

4 からすが　82わ　います。4わ　とんで　きました。からすは　ぜんぶで　なんわに　なりましたか。

[しき]

[こたえ]

29 ひきざん ひきざん①

りかい

▶▶▶ こたえは　べっさつ　6ページ

点数　　　点

しき25てん　こたえ25てん

1 きんぎょが　5ひき　います。
さいしょの　きんぎょの　かず

2ひき　すくいました。のこりは　なんびきに　なりましたか。
すくった　きんぎょの　かず　　のこりの　きんぎょの　かず

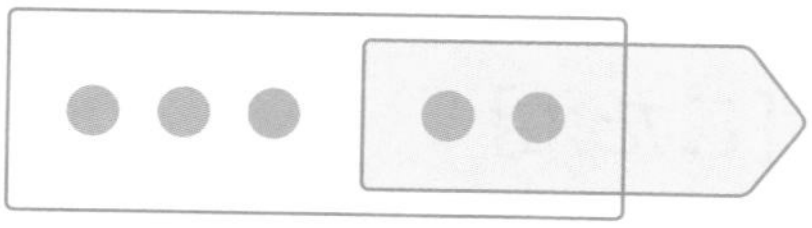

[しき] □ − □ = □

さいしょの　かず　　すくった　かず　　のこりの　かず

のこりの　かずは
ひきざんで　もとめます。

[こたえ] □ びき

2 すずめが　6わ　います。4わ　とんで　いきました。
さいしょの　すずめの　かず　　とんで　いった　すずめの　かず

のこりは　なんわに　なりましたか。
のこりの　すずめの　かず

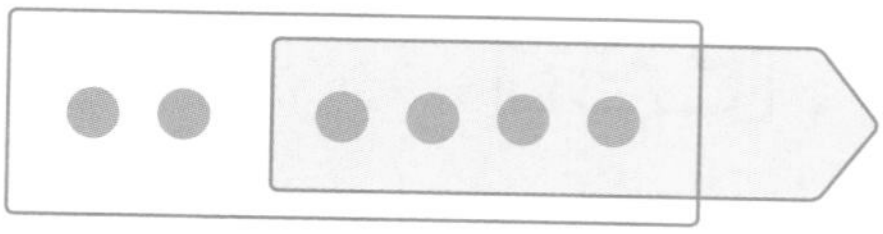

[しき] □ − □ = □

さいしょの　かず　　とんで　いった　かず　　のこりの　かず

のこりの　かずは
ひきざんで　もとめます。

[こたえ] □ わ

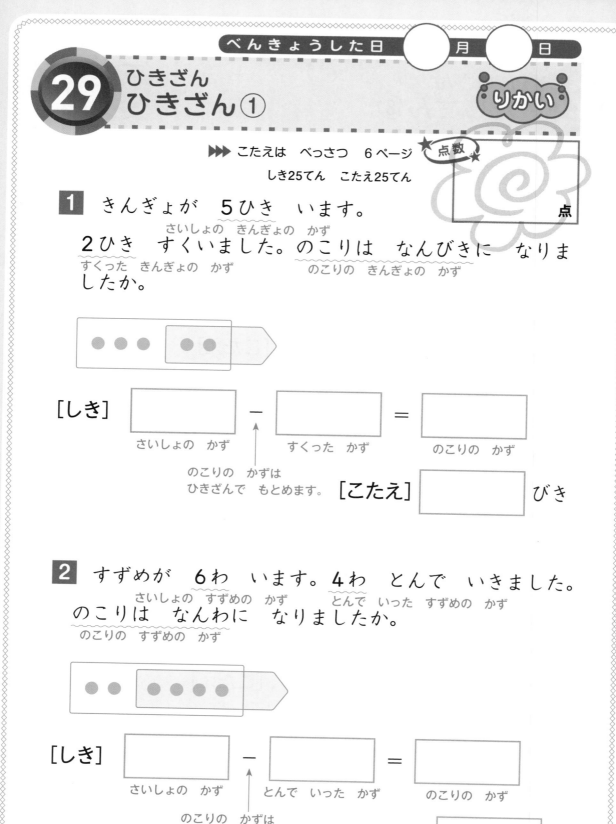

べんきょうした日　　月　　日

30 ひきざん
ひきざん①

りかい

▶▶▶ こたえは　べっさつ　7ページ

しき25てん　こたえ25てん

点数　　点

1 くるまが　7だい　とまって　います。
　　　　さいしょの　くるまの　かず
3だい　でて　いきました。のこりは　なんだいに　な
でて　いった　くるまの　かず　　　　のこりの　くるまの　かず
りましたか。

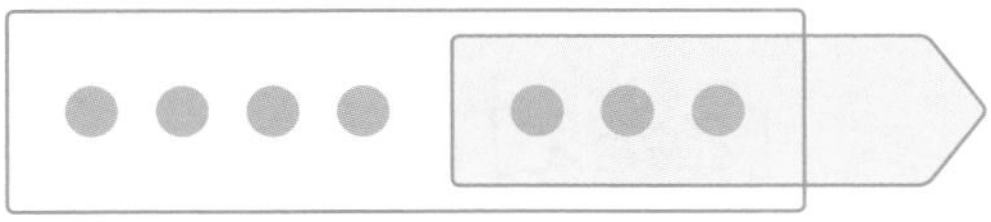

[しき] □ － □ ＝ □

[こたえ] □ だい

2 こどもが　9にん　います。おとこのこは　4にんで
　　　　ぜんぶの　こどもの　かず　　　　おとこのこの　かず
す。おんなのこは　なんにん　いますか。
　　おんなのこの　かず

[しき] □ － □ ＝ □

[こたえ] □ にん

べんきょうした日　　月　　日

31 ひきざん
ひきざん①

れんしゅう

▶▶▶こたえは　べっさつ　7ページ

しき15てん　こたえ10てん

点数

点

1 はなを　4ほん　もって　います。
ともだちに　1ぽん　あげました。のこりは　なんぼんに　なりましたか。

[しき]

[こたえ]

2 いちごが　6こ　あります。3こ　たべました。のこりは　なんこに　なりましたか。

[しき]

[こたえ]

3 おりがみが　8まい　あります。7まい　つかいました。のこりは　なんまいに　なりましたか。

[しき]

[こたえ]

4 ぜんぶで　9にん　います。そのうち，おとなは　5にんです。こどもは　なんにん　いますか。

[しき]

[こたえ]

べんきょうした日　　月　　日

32 ひきざん
ひきざん①

れんしゅう

こたえは　べっさつ　7ページ

点数

しき15てん　こたえ10てん

点

1 りんごが　6こ　あります。2こ　たべました。のこりは　なんこに　なりましたか。

[しき]

[こたえ]

2 えんぴつを　7ほん　もって　います。いもうとに　5ほん　あげました。のこりは　なんぼんに　なりましたか。

[しき]

[こたえ]

3 こどもが　9にん　あそんで　います。6にん　かえりました。のこりは　なんにんに　なりましたか。

[しき]

[こたえ]

4 こどもが　8にん　います。そのうち，3にんが　ぼうしを　かぶって　います。ぼうしを　かぶって　いないのは　なんにんですか。

[しき]

[こたえ]

べんきょうした日　　月　　日

33 ひきざん
ひきざん②

りかい

▶▶▶ こたえは　べっさつ　7ページ

点数　しき25てん　こたえ25てん　　点

1 りんごが　5こ　あります。みかんが　3こ　あります。りんごは　みかんより　なんこ　おおいですか。

（5こ：りんごの　かず）（3こ：みかんの　かず）（なんこ　おおい：りんごと　みかんの　ちがいの　かず）

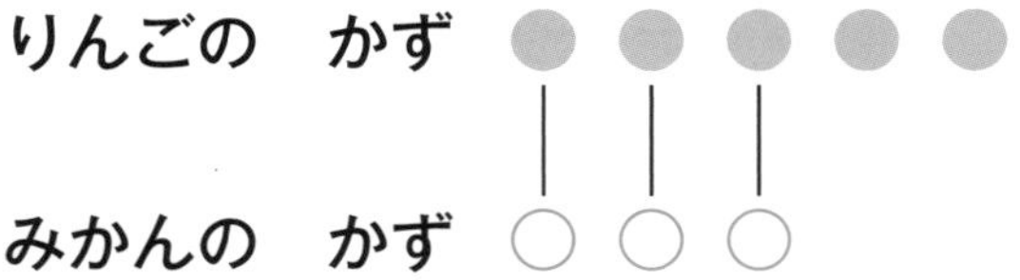

[しき]　□ − □ = □

りんごの　かず　　みかんの　かず　　ちがいの　かず

ちがいの　かずは
ひきざんで　もとめます。

[こたえ]　□ こ

2 ねずみが　7ひき　います。ねこが　4ひき　います。ねずみは　ねこより　なんびき　おおいですか。

（7ひき：ねずみの　かず）（4ひき：ねこの　かず）（なんびき　おおい：ねずみと　ねこの　ちがいの　かず）

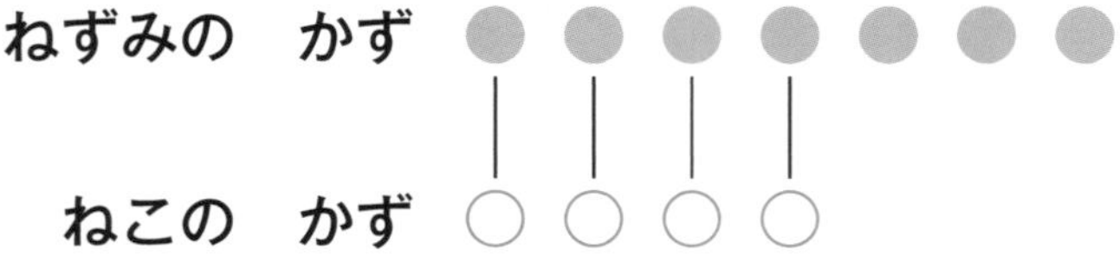

[しき]　□ − □ = □

ねずみの　かず　　ねこの　かず　　ちがいの　かず

ちがいの　かずは
ひきざんで　もとめます。

[こたえ]　□ びき

べんきょうした日　　月　　日

34 ひきざん
ひきざん②

りかい

こたえは　べっさつ　7ページ

しきまち25てん　こたえ25てん

点数　　点

1 えんぴつが　4ほん《えんぴつの　かず》　あります。くれよんが　3ぼん《くれよんの　かず》　あります。どちらが　なんぼん　おおい《えんぴつと　くれよんの　ちがいの　かず》ですか。

えんぴつの　かず

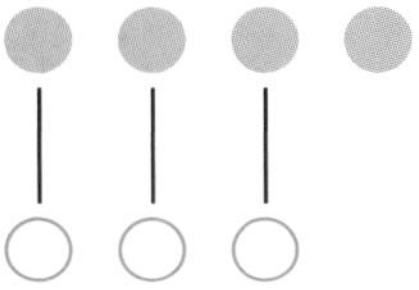

くれよんの　かず

[しき] ☐ − ☐ = ☐

[こたえ] ☐ が ☐ ぽん　おおい。

2 おとこのこが　8にん《おとこのこの　かず》　います。おんなのこが　5にん《おんなのこの　かず》　います。ちがいは　なんにん《おとこのこと　おんなのこの　ちがいの　かず》ですか。

[しき] ☐ − ☐ = ☐

[こたえ] ☐ にん

35 ひきざん ひきざん②

れんしゅう

▶▶▶ こたえは　べっさつ　8ページ

点数

しき15てん　こたえ10てん

点

1 すいかが　3こ　あります。めろんが　2こ　あります。すいかは　めろんより　なんこ　おおいですか。

[しき]

[こたえ]

2 らっぱが　8こ　あります。たいこが　6こ　あります。らっぱは　たいこより　なんこ　おおいですか。

[しき]

[こたえ]

3 りすが　6ぴき　います。くまが　1ぴき　います。りすは　くまより　なんびき　おおいですか。

[しき]

[こたえ]

4 あかい　はなが　9ほん　さいて　います。しろい　はなが　2ほん　さいて　います。どちらの　はなが　なんぼん　おおく　さいて　いますか。

[しき]

[こたえ]

べんきょうした日　　月　　日

36 ひきざん ひきざん②

れんしゅう

▶▶▶ こたえは　べっさつ　8ページ

しき15てん　こたえ10てん

点数　　　点

1 ひよこが　5わ　います。にわとりが　4わ　います。ちがいは　なんわですか。

[しき]

[こたえ]

2 こいが　7ひき　います。かめが　1ぴき　います。ちがいは　なんびきですか。

[しき]

[こたえ]

3 こどもが　8にん　います。おとなが　4にん　います。ちがいは　なんにんですか。

[しき]

[こたえ]

4 しろい　くつが　9そく　あります。くろい　くつが　7そく　あります。ちがいは　なんそくですか。

[しき]

[こたえ]

べんきょうした日　月　日

37 ひきざん ひきざん③

りかい

▶▶▶ こたえは　べっさつ　8ページ

点数　点

しき25てん　こたえ25てん

1 きんぎょが　4ひき　います。4ひき　すくいました。のこりは　なんびきですか。

さいしょの　きんぎょの　かず　／　すくった　きんぎょの　かず　／　のこりの　きんぎょの　かず

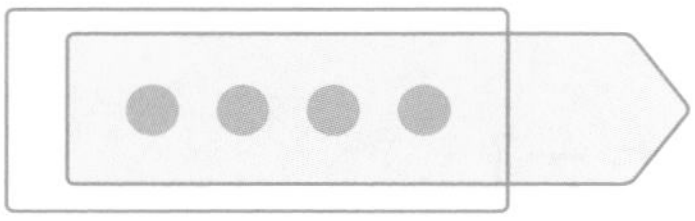

[しき] □ － □ ＝ □

さいしょの　かず　／　すくった　かず　／　のこりの　かず

のこりの　かずは
ひきざんで　もとめます。

[こたえ] □ ひき

2 きんぎょが　4ひき　います。0ひき　すくいました。のこりは　なんびきですか。

さいしょの　きんぎょの　かず　／　すくった　きんぎょの　かず　／　のこりの　きんぎょの　かず

[しき] □ － □ ＝ □

[こたえ] □ ひき

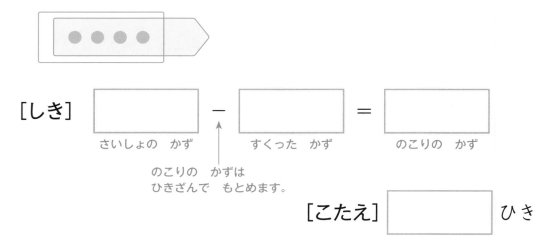

べんきょうした日　月　日

38 ひきざん ひきざん③

れんしゅう

▶▶▶ こたえは　べっさつ　8ページ

点数　点

しき15てん　こたえ10てん

1 いちごが　3こ　あります。3こ　たべると　のこりは　なんこですか。

[しき]

[こたえ]

2 いちごが　3こ　あります。0こ　たべると　のこりは　なんこですか。

[しき]

[こたえ]

3 かあどが　5まい　あります。5まい　あげると　のこりは　なんまいですか。

[しき]

[こたえ]

4 かあどが　5まい　あります。1まいも　あげないと　のこりは　なんまいですか。

[しき]

[こたえ]

39 ひきざん
ひきざん④

りかい

こたえは　べっさつ　8ページ

点数

しき25てん　こたえ25てん

点

1 あめが　15こ　あります。5こ　たべ

さいしょの　あめの　かず　　たべた　あめの　かず

ると　のこりは　なんこですか。

のこりの　あめの　かず

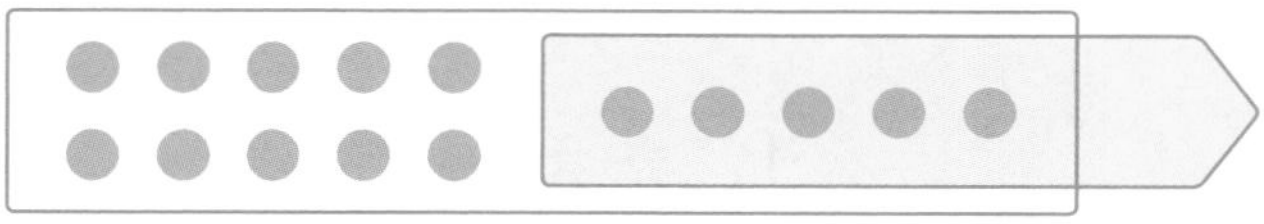

[しき] □ － □ ＝ □

さいしょの　かず　　たべた　かず　　のこりの　かず

のこりの　かずは
ひきざんで　もとめます。

[こたえ] □ こ

2 はちが　15ひき　います。とんぼが　3びき　いま

はちの　かず　　とんぼの　かず

す。はちの　ほうが　なんびき　おおいですか。

はちと　とんぼの　ちがいの　かず

[しき] □ － □ ＝ □

[こたえ] □ ひき

べんきょうした日　　月　　日

40 ひきざん ひきざん④

れんしゅう

▶▶▶ こたえは　べっさつ　9ページ

点数

しき15てん　こたえ10てん

点

1 みかんが　12こ　あります。2こ　たべました。のこりは　なんこに　なりましたか。

[しき]

[こたえ]

2 こどもが　17にん　います。おんなのこは　4にん　です。おとこのこは　なんにん　いますか。

[しき]

[こたえ]

3 あんぱんが　16こ　あります。めろんぱんが　6こ　あります。どちらが　なんこ　おおいですか。

[しき]

[こたえ]

4 こどもが　18にん　います。おとなが　7にん　います。ちがいは　なんにんですか。

[しき]

[こたえ]

べんきょうした日　　月　　日

41 ひきざん ひきざん⑤

りかい

▶▶▶ こたえは　べっさつ　9ページ

点数　　点

しき25てん　こたえ25てん

1 ぷりんが　12こ　あります。9こ　たべました。の

さいしょの　ぷりんの　かず　　たべた　ぷりんの　かず

こりは　なんこに　なりましたか。

のこりの　ぷりんの　かず

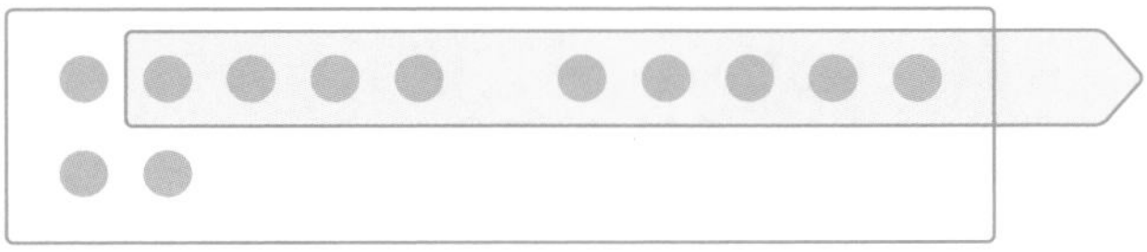

[しき] □ － □ ＝ □

さいしょの　かず　　たべた　かず　　のこりの　かず

のこりの　かずは
ひきざんで　もとめます。

[こたえ] □ こ

2 ふうせんが　14こ　あります。8こ　とんで　いき

さいしょの　ふうせんの　かず　　とんで　いった　ふうせんの　かず

ました。のこりは　なんこに　なりましたか。

のこりの　ふうせんの　かず

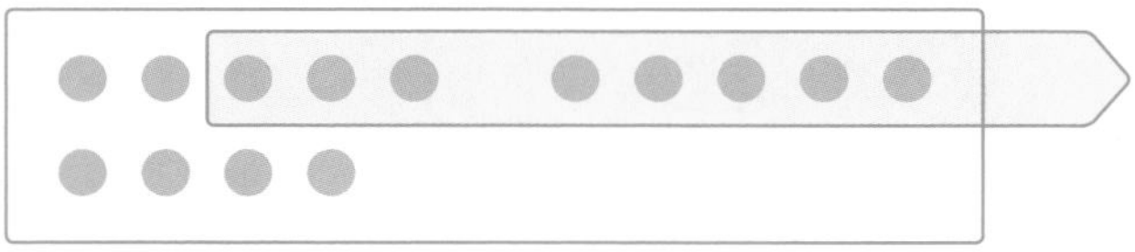

[しき] □ － □ ＝ □

さいしょの　かず　　とんで　いった　かず　　のこりの　かず

のこりの　かずは
ひきざんで　もとめます。

[こたえ] □ こ

べんきょうした日　　月　　日

42 ひきざん
ひきざん⑤

りかい

こたえは　べっさつ　9ページ

点数　　点

しき25てん　こたえ25てん

1 しいるを　15まい　もって　います。6まい　あげ
さいしょの　しいるの　かず　　あげた　しいるの　かず
ました。のこりは　なんまいに　なりましたか。
のこりの　しいるの　かず

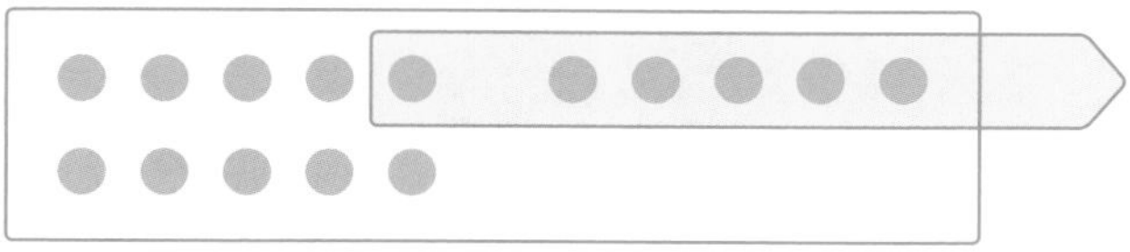

[しき]　□ − □ ＝ □

[こたえ]　□ まい

2 くじが　11まい　あります。あたりは　3まいです。
ぜんぶの　くじの　かず　　あたりの　くじの　かず
はずれは　なんまいですか。
あたりでは　ない　くじの　かず

[しき]　□ − □ ＝ □

[こたえ]　□ まい

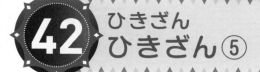

べんきょうした日　　月　　日

43 ひきざん
ひきざん⑤

れんしゅう

こたえは　べっさつ　9ページ

点数　　点

しき15てん　こたえ10てん

1 こどもが　15にん　あそんで　います。8にん　かえりました。のこりは　なんにんに　なりましたか。

[しき]

[こたえ]

2 くりが　13こ　あります。7こ　たべました。のこりは　なんこに　なりましたか。

[しき]

[こたえ]

3 おりがみが　12まい　あります。4まい　つかいました。のこりは　なんまいに　なりましたか。

[しき]

[こたえ]

4 こどもが　14にん　います。そのうち，おんなのこは　5にんです。おとこのこは　なんにん　いますか。

[しき]

[こたえ]

べんきょうした日　　月　　日

44 ひきざん ひきざん⑤

れんしゅう

こたえは　べっさつ　9ページ

点数　　点

しき15てん　こたえ10てん

1 からすが　16わ　います。9わ　とんで　いきました。のこりは　なんわに　なりましたか。

[しき]

[こたえ]

2 びすけっとが　11まい　あります。6まい　たべました。のこりは　なんまいに　なりましたか。

[しき]

[こたえ]

3 がようしが　12まい　あります。5まい　つかいました。のこりは　なんまいに　なりましたか。

[しき]

[こたえ]

4 ぜんぶで　16にん　います。そのうち，おとなは　7にんです。こどもは　なんにん　いますか。

[しき]

[こたえ]

べんきょうした日　　月　　日

45 ひきざん
ひきざん⑤

れんしゅう

▶▶▶ こたえは　べっさつ　10ページ

点数　　点

しき15てん　こたえ10てん

1 さるが　18ひき　います。9ひき　にげて　いきました。のこりは　なんびきに　なりましたか。

[しき]

[こたえ]

2 はなが　12ほん　さいて　います。8ほん　つみました。のこりは　なんぼんに　なりましたか。

[しき]

[こたえ]

3 えんぴつが　15ほん　あります。けずって　あるえんぴつは　7ほんです。けずって　いない　えんぴつは　なんぼん　ありますか。

[しき]

[こたえ]

4 たまごが　11こ　あります。そのうち，4こ　われて　いました。われて　いない　たまごは　なんこ　ありますか。

[しき]

[こたえ]

べんきょうした日　　月　　日

46 ひきざんの　まとめ①
すきな　どうぶつを　みつけよう！

▶▶▶ こたえは べっさつ 10ページ

こたえの　すうじが　いちばん　ちいさい　もんだいの
どうぶつが，たけとさんの　すきな　どうぶつです。
たけとさんの　すきな　どうぶつは　なんでしょう？

らいおん

こどもが 10にん います。おとこのこは
6にんです。おんなのこは なんにんですか。

□にん

ぱんだ

いちごが 17こ あります。
9こ たべると，のこりは なんこですか。

□こ

きりん

きってが 8まい あります。はがきが 3まい
あります。きっては はがきより なんまい
おおいですか。

□まい

こたえ □

べんきょうした日　　月　　日

47 ひきざん
ひきざん⑥

りかい

▶▶▶こたえは　べっさつ　10ページ

点数　　点

しき25てん　こたえ25てん

1 なしが　11こ　あります。くりが　8こ　あります。

なしの　かず　／　くりの　かず

なしは　くりより　なんこ　おおいですか。

なしと　くりの　ちがいの　かず

なしの　かず
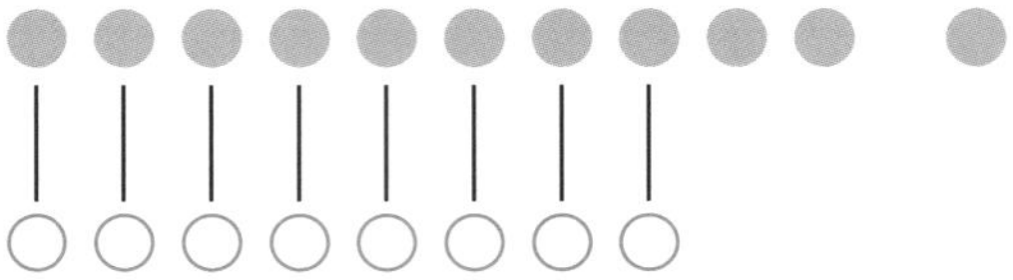
くりの　かず

[しき] □ － □ ＝ □

なしの　かず　くりの　かず　ちがいの　かず

ちがいの　かずは
ひきざんで　もとめます。

[こたえ] □ こ

2 ねこが　14ひき　います。いぬが　6ぴき　います。

ねこの　かず　／　いぬの　かず

ねこは　いぬより　なんびき　おおいですか。

ねこと　いぬの　ちがいの　かず

ねこの　かず

いぬの　かず

[しき] □ － □ ＝ □

ねこの　かず　いぬの　かず　ちがいの　かず

ちがいの　かずは
ひきざんで　もとめます。

[こたえ] □ ひき

べんきょうした日　　月　　日

48 ひきざん
ひきざん⑥

りかい

こたえは　べっさつ　10ページ

しき25てん　こたえ25てん

点数　　点

1 おとこのこが　13にん　います。おんなのこが　9
おとこのこの　かず
にん　います。どちらが　なんにん　おおいですか。
おんなのこの　かず　　おとこのこと　おんなのこの　ちがいの　かず

おとこのこの　かず

おんなのこの　かず

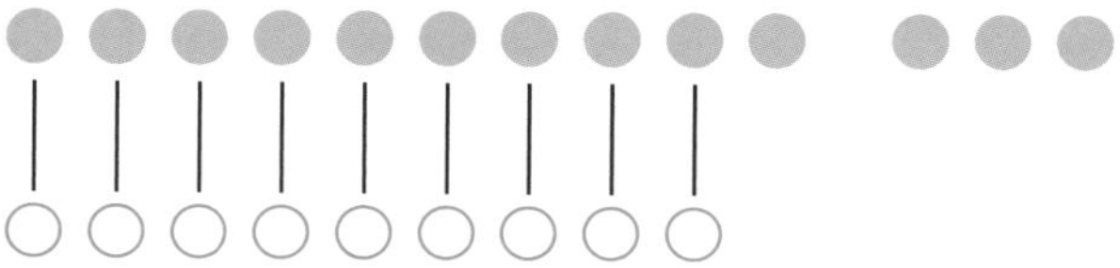

[しき]　□ － □ ＝ □

[こたえ]　□ が □ にん　おおい。

2 うしが　12とう　います。うまが　3とう　います。
うしの　かず　　うまの　かず
ちがいは　なんとうですか。
うしと　うまの　ちがいの　かず

[しき]　□ － □ ＝ □

[こたえ]　□ とう

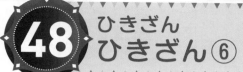

べんきょうした日　　月　　日

49 ひきざん ひきざん⑥

れんしゅう

▶▶▶ こたえは　べっさつ　10ページ

しき15てん　こたえ10てん

点数　　点

1 すずめが　14わ　います。からすが　9わ　います。すずめは　からすより　なんわ　おおいですか。

[しき]

[こたえ]

2 ちょうが　11ぴき　います。とんぼが　7ひき　います。ちょうは　とんぼより　なんびき　おおいですか。

[しき]

[こたえ]

3 えほんが　12さつ　あります。ずかんが　6さつ　あります。えほんは　ずかんより　なんさつ　おおいですか。

[しき]

[こたえ]

4 うさぎが　17ひき　います。りすが　8ひき　います。どちらが　なんびき　おおいですか。

[しき]

[こたえ]

べんきょうした日　月　日

50 ひきざん
ひきざん⑥

れんしゅう

こたえは　べっさつ　11ページ

点数　点

しき15てん　こたえ10てん

1 いちごが　15こ　あります。りんごが　9こ　あります。いちごは　りんごより　なんこ　おおいですか。

[しき]

[こたえ]

2 はとが　11わ　います。すずめが　5わ　います。はとは　すずめより　なんわ　おおいですか。

[しき]

[こたえ]

3 きってが　13まい　あります。ふうとうが　8まい　あります。きっては　ふうとうより　なんまい　おおいですか。

[しき]

[こたえ]

4 あかい　ふうせんが　16こ　あります。あおい　ふうせんが　8こ　あります。ちがいは　なんこですか。

[しき]

[こたえ]

べんきょうした日　　月　　日

51 ひきざん ひきざん⑥

れんしゅう

こたえは　べっさつ　11ページ

しき15てん　こたえ10てん

点数　　点

1 さるが　9ひき　います。りすが　17ひき　います。どちらが　なんびき　おおいですか。

[しき]

[こたえ]

2 にわとりが　7わ　います。ひよこが　12わ　います。どちらが　なんわ　おおいですか。

[しき]

[こたえ]

3 おとこのこが　4にん　います。おんなのこが　13にん　います。ちがいは　なんにんですか。

[しき]

[こたえ]

4 あかい　はなが　7ほん　さいて　います。しろい　はなが　14ほん　さいて　います。ちがいは　なんぼんですか。

[しき]

[こたえ]

べんきょうした日　　月　　日

52

ひきざんの　まとめ②

なんの　じが　でて　くるかな？

こたえは　べっさつ 11ページ

もんだいを　といて，こたえの　すうじの　ところに　いろを　ぬりましょう。でて　くる　じは　なにかな？

おとこのこが　15にん　います。
おんなのこが　8にん　います。
ちがいは　なんにんですか。

[　　　　] にん

いぬが　14ひき　います。ねこが　9ひき　います。
いぬは　ねこより　なんびき
おおいですか。

[　　　　] ひき

みかんが　16こ，いちごが　7こ　あります。
ちがいは　なんこですか。

[　　　　] こ

9	7	5	5	7
8	8	9	6	4
7	5	7	9	5
4	6	5	8	6
5	9	7	9	9

こたえ [　　　　]

べんきょうした日　　月　　日

53 ひきざん
ひきざん⑦

りかい

▶▶▶こたえは　べっさつ　11ページ

しき25てん　こたえ25てん

点数　　点

1 おりがみが　50まい　あります。40まい　つかいました。のこりは　なんまいに　なりましたか。

（50まい：さいしょの　おりがみの　かず）
（40まい：つかった　おりがみの　かず）
（のこりは　なんまい：のこりの　おりがみの　かず）

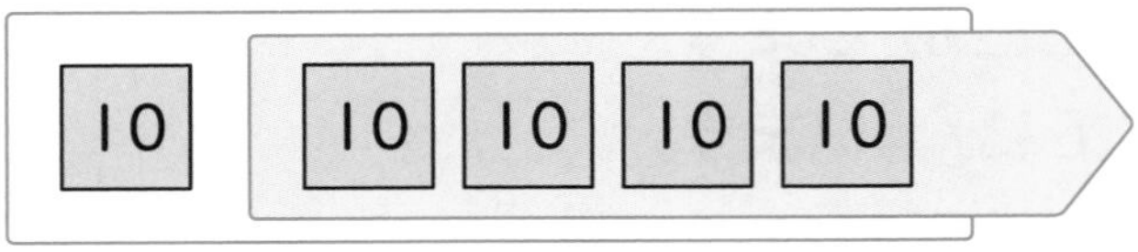

[しき]　□ − □ ＝ □

さいしょの　かず　　つかった　かず　　のこりの　かず

のこりの　かずは
ひきざんで　もとめます。

[こたえ]　□　まい

2 あかい　おりがみが　34まい　あります。あおい　おりがみが　4まい　あります。ちがいは　なんまいですか。

（34まい：あかい　おりがみの　かず）
（4まい：あおい　おりがみの　かず）
（ちがいは　なんまい：あかい　おりがみと　あおい　おりがみの　ちがいの　かず）

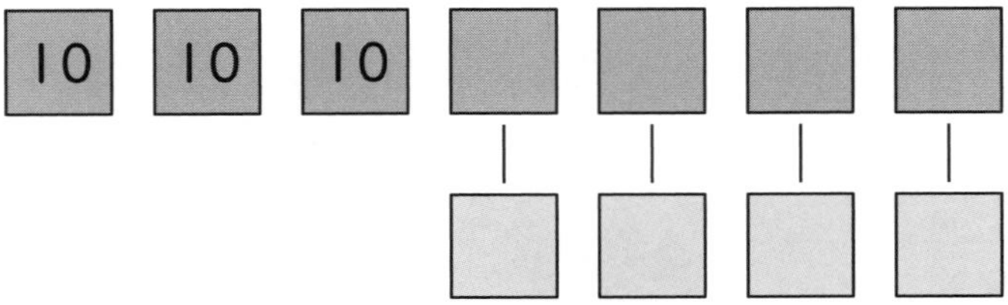

[しき]　□ − □ ＝ □

[こたえ]　□　まい

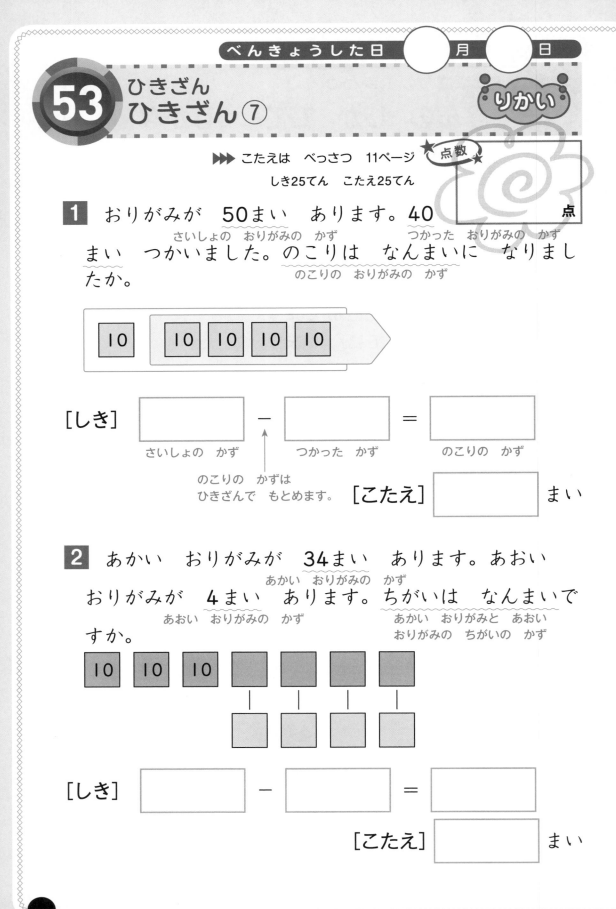

べんきょうした日　　月　　日

54 ひきざん ひきざん⑦

れんしゅう

▶▶▶ こたえは　べっさつ　12ページ

点数　　点

しき15てん　こたえ10てん

1 きってが　80まい　あります。60まい　つかいました。のこりは　なんまいに　なりましたか。

[しき]

[こたえ]

2 こどもが　100にん　います。そのうち，おんなのこは　20にん　います。おとこのこは　なんにん　いますか。

[しき]

[こたえ]

3 あめが　47こ　あります。ちょこれえとが　7こ　あります。あめは　ちょこれえとより　なんこ　おおいですか。

[しき]

[こたえ]

4 ひつじが　69ひき　います。いぬが　9ひき　います。どちらが　なんびき　おおいですか。

[しき]

[こたえ]

55 ひきざん
ひきざん⑧

りかい

▶▶▶ こたえは　べっさつ　12ページ

点数

しき25てん　こたえ25てん

点

1 おりがみが　26まい　あります。5まい　つかいました。のこりは　なんまいに　なりましたか。

さいしょの　おりがみの　かず　／　つかった　おりがみの　かず　／　のこりの　おりがみの　かず

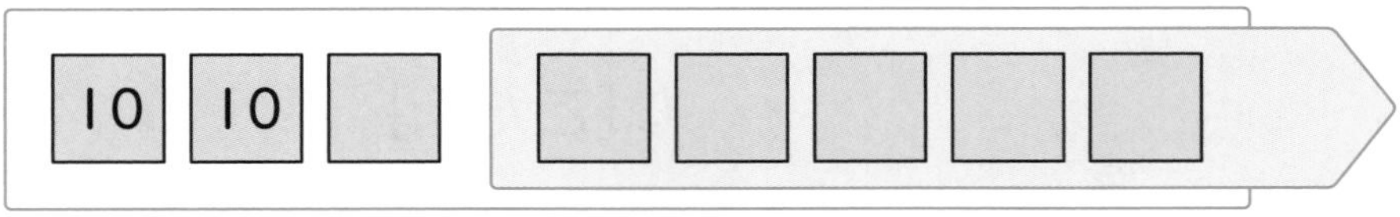

[しき]　□　－　□　＝　□

さいしょの　かず　／　つかった　かず　／　のこりの　かず

のこりの　かずは
ひきざんで　もとめます。

[こたえ]　□　まい

2 あかい　おりがみが　35まい　あります。きいろい　おりがみが　3まい　あります。ちがいは　なんまいですか。

あかい　おりがみの　かず　／　きいろい　おりがみの　かず　／　あかい　おりがみと　きいろい　おりがみの　ちがいの　かず

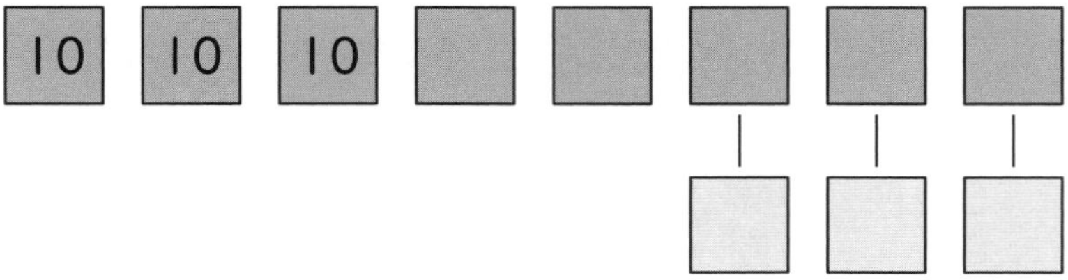

[しき]　□　－　□　＝　□

[こたえ]　□　まい

べんきょうした日　　月　　日

56 ひきざん
ひきざん⑧

れんしゅう

▶▶▶こたえは　べっさつ　12ページ

しき15てん　こたえ10てん

点数　　点

1 しいるが　47まい　あります。おとうとに　2まい　あげました。のこりは　なんまいに　なりましたか。

[しき]

[こたえ]

2 あめが　98こ　あります。5こ　たべました。のこりは　なんこに　なりましたか。

[しき]

[こたえ]

3 らいおんが　59とう　います。そのうち，おすは　3とうです。めすは　なんとう　いますか。

[しき]

[こたえ]

4 いるかが　77とう　います。くじらが　4とう　います。ちがいは　なんとうですか。

[しき]

[こたえ]

べんきょうした日　　月　　日

57 たしざんと　ひきざん
たしざんと　ひきざん①

りかい

▶▶▶ こたえは　べっさつ　12ページ

しき25てん　こたえ25てん

点数　　点

1 ねこが　2ひき　います。1ぴき　き

ました。また　4ひき　きました。ねこは　ぜんぶで

なんびきに　なりましたか。

さいしょの　かず　　ふえた　かず

また　ふえた　かず　　ぜんぶの　ねこの　かず

[しき] □ ＋ □ ＋ □ ＝ □

さいしょの　かず　　ふえた　かず　　また　ふえた　かず　　ぜんぶの　かず

ふえて，ふえて　いるので，
たして，たして　もとめます。

[こたえ] □ ひき

2 あめを　7こ　もって　います。3こ　もらいました。
さいしょの　かず　　ふえた　かず
また　2こ　もらいました。あめは　ぜんぶで　なんこ
また　ふえた　かず　　ぜんぶの　あめの　かず
に　なりましたか。

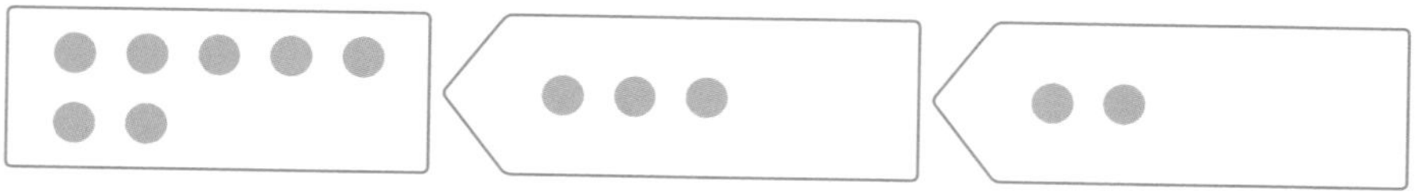

[しき] □ ＋ □ ＋ □ ＝ □

[こたえ] □ こ

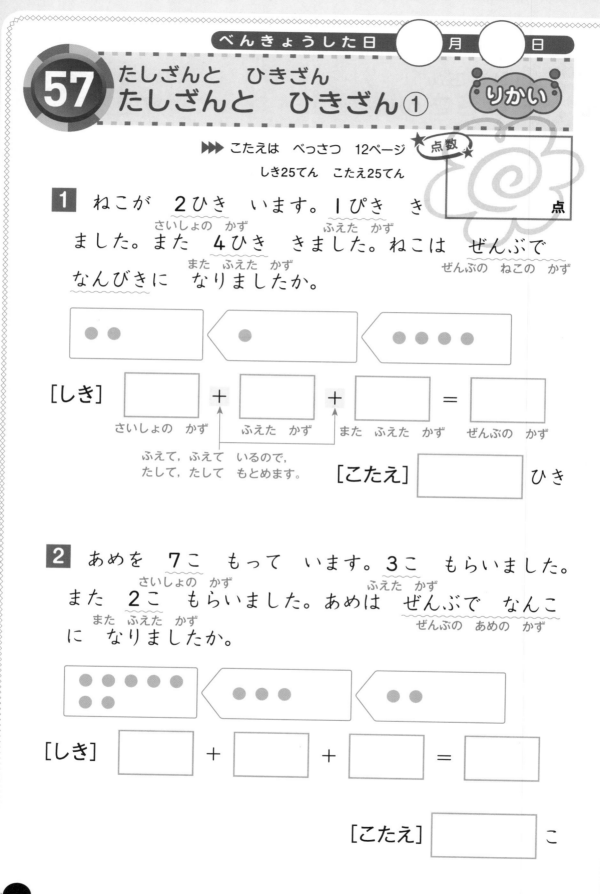

べんきょうした日　　月　　日

58 たしざんと　ひきざん
たしざんと　ひきざん①

れんしゅう

▶▶▶ こたえは　べっさつ　12ページ

点数

点

しき15てん　こたえ10てん

1 きんぎょが　すいそうに　3びき　います。1ぴき　いれました。また　2ひき　いれました。きんぎょは　ぜんぶで　なんびきに　なりましたか。

[しき]

[こたえ]

2 くるまが　4だい　とまって　います。2だい　きました。また　3だい　きました。くるまは　ぜんぶで　なんだいに　なりましたか。

[しき]

[こたえ]

3 こどもが　6にん　います。4にん　きました。また　9にん　きました。こどもは　ぜんぶで　なんにんに　なりましたか。

[しき]

[こたえ]

4 しいるが　2まい　あります。おにいさんに　8まい　もらいました。おねえさんに　7まい　もらいました。しいるは　ぜんぶで　なんまいに　なりましたか。

[しき]

[こたえ]

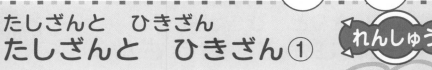

べんきょうした日　　月　　日

59 たしざんと　ひきざん
たしざんと　ひきざん②

りかい

▶▶▶ こたえは　べっさつ　12ページ

点数　　点

しき25てん　こたえ25てん

1 すずめが　9わ　います。4わ　とんで　いきました。また　3わ　とんで　いきました。のこりは　なんわに　なりましたか。

（9わ：さいしょの　かず　4わ：へった　かず　3わ：また　へった　かず　のこりは　なんわに：のこりの　すずめの　かず）

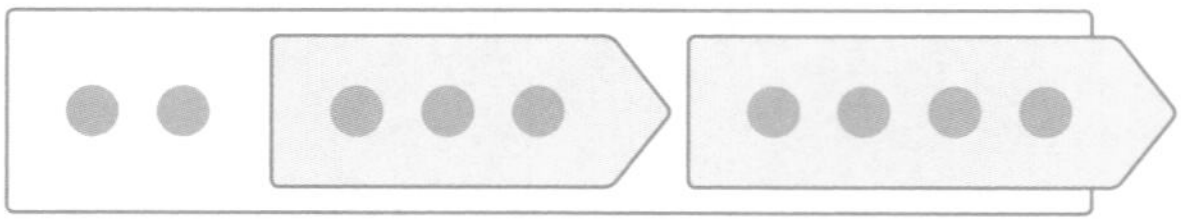

[しき] □ － □ － □ ＝ □

さいしょの　かず　　へった　かず　　また　へった　かず　　のこりの　かず

へって，へって　いるので，
ひいて，ひいて　もとめます。

[こたえ] □ わ

2 いちごが　12こ　あります。2こ　たべました。また　6こ　たべました。のこりは　なんこに　なりましたか。

（12こ：さいしょの　かず　2こ：へった　かず　6こ：また　へった　かず　のこりは　なんこに：のこりの　いちごの　かず）

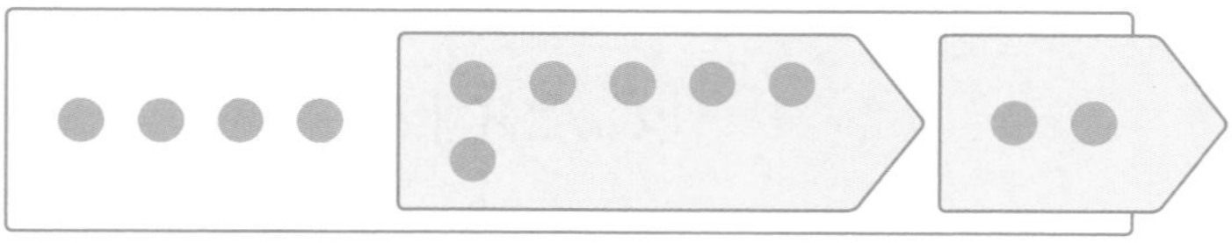

[しき] □ － □ － □ ＝ □

[こたえ] □ こ

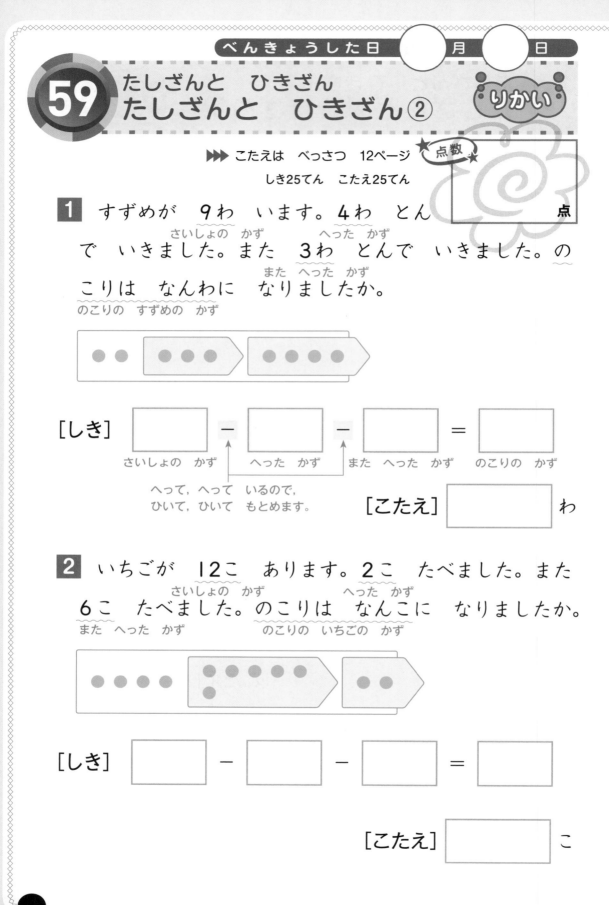

べんきょうした日　　月　　日

60 たしざんと　ひきざん
たしざんと　ひきざん②

れんしゅう

▶▶▶ こたえは　べっさつ　13ページ

点数　　点

しき15てん　こたえ10てん

1 りんごが　8こ　あります。2こ　たべました。また　3こ　たべました。のこりは　なんこに　なりましたか。

[しき]

[こたえ]

2 ふねが　10そう　とまって　います。4そう　でて　いきました。また　1そう　でて　いきました。のこりは　なんそうに　なりましたか。

[しき]

[こたえ]

3 こどもが　13にん　あそんで　います。3にん　かえりました。また　6にん　かえりました。のこりは　なんにんに　なりましたか。

[しき]

[こたえ]

4 ふうせんが　17こ　あります。7こ　とんで　いきました。また　2こ　とんで　いきました。のこりは　なんこに　なりましたか。

[しき]

[こたえ]

61 たしざんと　ひきざん
たしざんと　ひきざん③

りかい

▶▶▶ こたえは　べっさつ　13ページ

点数　　点

しき25てん　こたえ25てん

1 あめが　5こ　あります。2こ　もら
　　　　さいしょの　かず　　　　ふえた　かず
いました。3こ　たべました。のこりは　なんこに　な
　　　へった　かず　　　　　　　　のこりの　あめの　かず
りましたか。

あめ 5こ	2こ　もらった
	3こ　たべた

[しき]　□ ＋ □ － □ ＝ □
さいしょの　かず　ふえた　かず　へった　かず　のこりの　かず

ふえて，へって　いるので，
たして，ひいて　もとめます。

[こたえ]　□ こ

2 こどもが　7にん　います。3にん　きました。その
　　　　さいしょの　かず　　　ふえた　かず
あと　4にん　かえりました。のこりは　なんにんに
　　へった　かず　　　　　　　のこりの　こどもの　かず
なりましたか。

こども 7にん	3にん　きた
	4にん　かえった

[しき]　□ ＋ □ － □ ＝ □

[こたえ]　□ にん

べんきょうした日　　月　　日

62 たしざんと　ひきざん
たしざんと　ひきざん③

れんしゅう

▶▶▶ こたえは　べっさつ　13ページ

点数　　点

しき15てん　こたえ10てん

1 くりが　4こ　あります。3こ　もらいました。2こ　たべました。のこりは　なんこに　なりましたか。

[しき]

[こたえ]

2 くるまが　3だい　とまって　います。6だい　きました。その　あと　3だい　でて　いきました。のこりは　なんだいに　なりましたか。

[しき]

[こたえ]

3 おりがみを　5まい　もって　います。5まい　もらいました。2まい　つかいました。のこりは　なんまいに　なりましたか。

[しき]

[こたえ]

4 はとが　2わ　とまって　います。8わ　とんで　きました。7わ　とんで　いきました。のこりは　なんわに　なりましたか。

[しき]

[こたえ]

べんきょうした日　　月　　日

63 たしざんと　ひきざん
たしざんと　ひきざん④

りかい

▶▶▶こたえは　べっさつ　13ページ

点

しき25てん　こたえ25てん

1　ももが　6こ　あります。4こ　たべました。その
さいしょの　かず　　へった　かず
あと　3こ　もらいました。ぜんぶで　なんこに　なり
ふえた　かず　　ぜんぶの　ももの　かず
ましたか。

もも
6こ

4こ　たべた

3こ　もらった

［しき］ □ − □ + □ = □

さいしょの　かず　へった　かず　ふえた　かず　ぜんぶの　かず

へって，ふえて　いるので，
ひいて，たして　もとめます。

［こたえ］ □ こ

2　こどもが　10にん　います。　6にん　かえりまし
さいしょの　かず　　へった　かず
た。その　あと　3にん　きました。ぜんぶで　なんに
ふえた　かず　　ぜんぶの　こどもの　かず
んに　なりましたか。

こども
10にん

6にん　かえった

3にん　きた

［しき］ □ − □ + □ = □

［こたえ］ □ にん

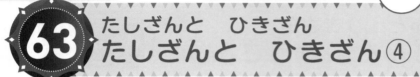

べんきょうした日　　月　　日

64 たしざんと　ひきざん
たしざんと　ひきざん④

れんしゅう

▶▶▶こたえは　べっさつ　13ページ

点数　　点

しき15てん　こたえ10てん

1 がようしが　9まい　あります。6まい　つかいました。その　あと　2まい　もらいました。ぜんぶで　なんまいに　なりましたか。

[しき]

[こたえ]

2 しいるを　8まい　もって　います。7まい　あげました。その　あと　3まい　もらいました。ぜんぶで　なんまいに　なりましたか。

[しき]

[こたえ]

3 すずめが　10わ　とまって　います。3わ　とんで　いきました。その　あと　1わ　きました。ぜんぶで　なんわに　なりましたか。

[しき]

[こたえ]

4 こどもが　10にん　います。8にん　かえりました。その　あと　7にん　きました。ぜんぶで　なんにんに　なりましたか。

[しき]

[こたえ]

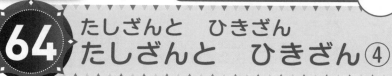

べんきょうした日　　月　　日

65 たしざんと　ひきざん
たしざんと　ひきざん⑤

りかい

▶▶▶こたえは　べっさつ　14ページ

点数　　点

しき25てん　こたえ25てん

1 たつやさんは　まえから　3ばんめに　います。たつやさんの　うしろに　4にん　います。ぜんぶで　なんにん　いますか。

（3ばんめに　います：たつやさんまでの　かず）
（4にん：たつやさんの　うしろに　いる　かず）
（ぜんぶで　なんにん：たつやさんまでと　うしろに　いる　かずを　あわせた　かず）

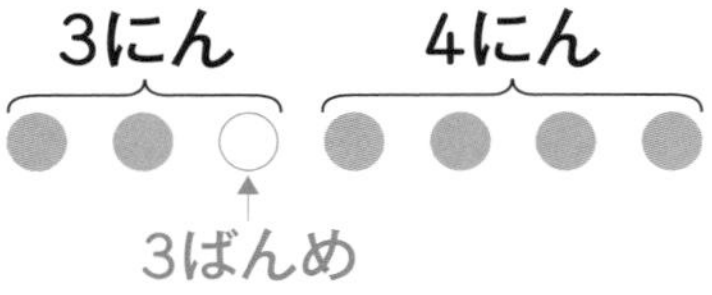

[しき] ☐ ＋ ☐ ＝ ☐

たつやさんまでの　かず　／　うしろに　いる　かず　／　あわせた　かず

あわせた　かずは
たしざんで　もとめます。

[こたえ] ☐ にん

2 えが　よこ　1れつに　かざって　あります。さとこさんの　えは　ひだりから　4ばんめです。さとこさんの　えの　みぎに　えが　5まい　あります。えは　ぜんぶで　なんまい　ありますか。

（4ばんめです：さとこさんの　えまでの　かず）
（5まい：さとこさんの　えの　みぎに　ある　えの　かず）
（ぜんぶで　なんまい：さとこさんの　えまでと　みぎに　ある　えを　あわせた　かず）

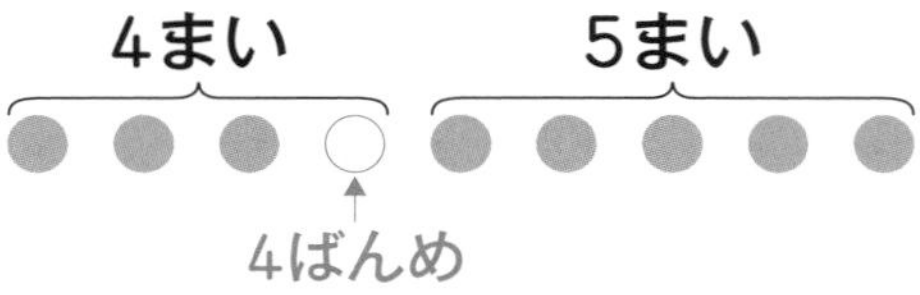

[しき] ☐ ＋ ☐ ＝ ☐

[こたえ] ☐ まい

66 たしざんと　ひきざん
たしざんと　ひきざん⑤

りかい

▶▶▶ こたえは　べっさつ　14ページ

点数　　点

しき25てん　こたえ25てん

1 8にんが　1れつに　ならんで　いま
ぜんぶの　かず
す。やよいさんの　うしろに　3にん　います。やよい
やよいさんの　うしろに　いる　かず
さんは　まえから　なんばんめですか。
ぜんぶから　やよいさんの　うしろに　いる　かずを　ひいた　のこりの　かず

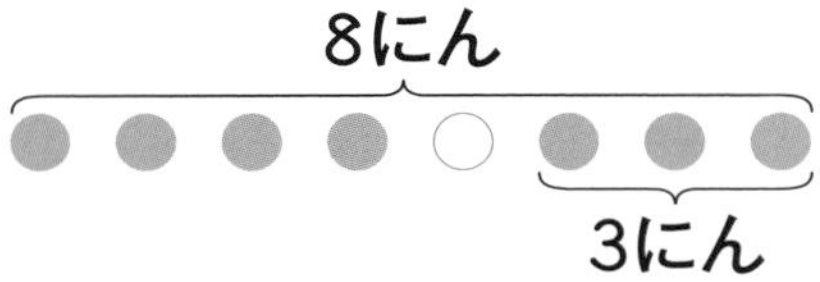

[しき] □ － □ ＝ □
ぜんぶの　かず　　うしろに　いる　かず　　のこりの　かず

のこりの　かずは
ひきざんで　もとめます。

[こたえ] □ ばんめ

2 ほんが　9さつ　ならんで　います。えほんの　みぎ
ぜんぶの　かず
に　2さつ　あります。えほんは　ひだりから　なんば
えほんの　みぎに　ある　ほんの　かず　　ぜんぶから　えほんの　みぎに　ある
んめですか。
ほんの　かずを　ひいた　のこりの　かず

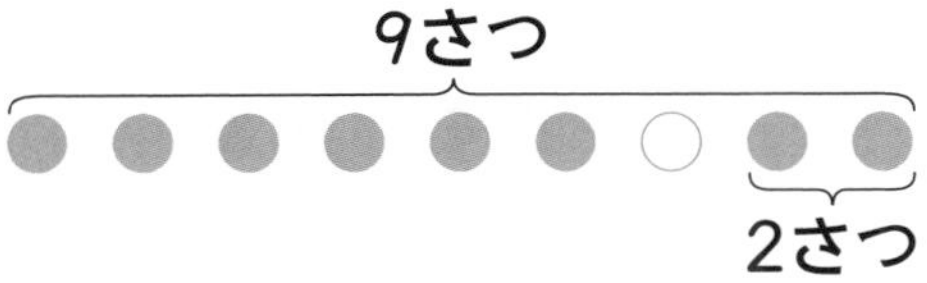

[しき] □ － □ ＝ □

[こたえ] □ ばんめ

67 たしざんと　ひきざん
たしざんと　ひきざん⑤

れんしゅう

▶▶▶ こたえは　べっさつ　14ページ

しき15てん　こたえ10てん

点数　　点

1 なおこさんは　まえから　6ばんめです。なおこさんの　うしろに　4にん　います。ぜんぶで　なんにん　いますか。

[しき]

[こたえ]

2 15にんが　よこ　1れつに　ならんで　います。たかしさんは　ひだりから　8ばんめです。たかしさんの　みぎに　なんにん　いますか。

[しき]

[こたえ]

3 ほんが　かさねて　あります。ずかんは　うえから　6ばんめです。ずかんの　したに　8さつ　あります。ほんは　ぜんぶで　なんさつ　ありますか。

[しき]

[こたえ]

4 のりこさんは　まえから　8ばんめです。かおりさんは　のりこさんの　つぎの　ひとを　1ばんめに　かぞえて　うしろへ　5ばんめです。かおりさんは　まえから　なんばんめですか。

[しき]

[こたえ]

68 たしざんと　ひきざん

たしざんと　ひきざん⑤

れんしゅう

▶▶▶ こたえは　べっさつ　14ページ

点数　　点

しき15てん　こたえ10てん

1 こどもが　1れつに　ならんで　います。あすかさんの　まえに　3にん，うしろに　4にん　います。ぜんぶで　なんにん　いますか。

[しき]

[こたえ]

2 9にんが　1れつに　ならんで　います。ひろとさんの　まえに　3にん　います。ひろとさんの　うしろに　なんにん　いますか。

[しき]

[こたえ]

3 こどもが　よこ　1れつに　ならんで　います。あみさんの　ひだりに　5にん，みぎに　4にん　います。ぜんぶで　なんにん　いますか。

[しき]

[こたえ]

4 10にんが　よこ　1れつに　ならんで　います。ゆかりさんの　みぎに　6にん　います。ゆかりさんの　ひだりに　なんにん　いますか。

[しき]

[こたえ]

べんきょうした日　　月　　日

69 たしざんと　ひきざん
たしざんと　ひきざん⑥

りかい

▶▶▶ こたえは　べっさつ　14ページ

しき25てん　こたえ25てん

点数　　点

1 4にんが　いちりんしゃに　のって　います。いちりんしゃは　あと　3だい　あります。いちりんしゃは　ぜんぶで　なんだい　ありますか。

（4にんが：いちりんしゃに　のって　いる　ひとの　かず）
（3だい：ひとが　のって　いない　いちりんしゃの　かず）
（ぜんぶで　なんだい：ぜんぶの　いちりんしゃの　かず）

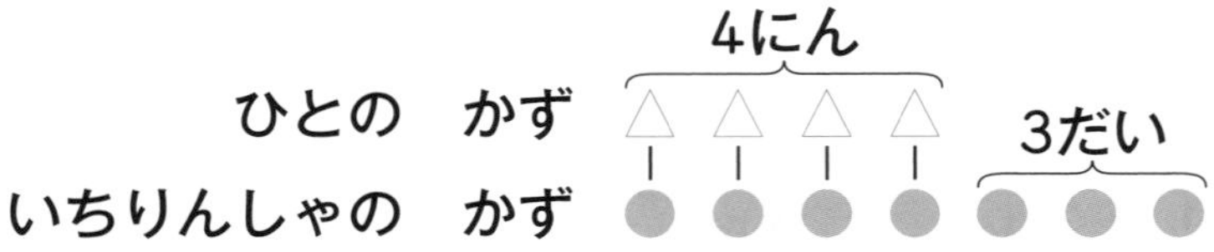

[しき] □ ＋ □ ＝ □

のって　いる　かず　　のって　いない　かず　　ぜんぶの　かず

ぜんぶの　かずは
たしざんで　もとめます。

[こたえ] □ だい

2 6にんが　えんぴつを　1ぽんずつ　もって　います。えんぴつは　あと　2ほん　あります。えんぴつは　ぜんぶで　なんぼん　ありますか。

（6にんが：えんぴつを　もって　いる　ひとの　かず）
（2ほん：ひとが　もって　いない　えんぴつの　かず）
（ぜんぶで　なんぼん：ぜんぶの　えんぴつの　かず）

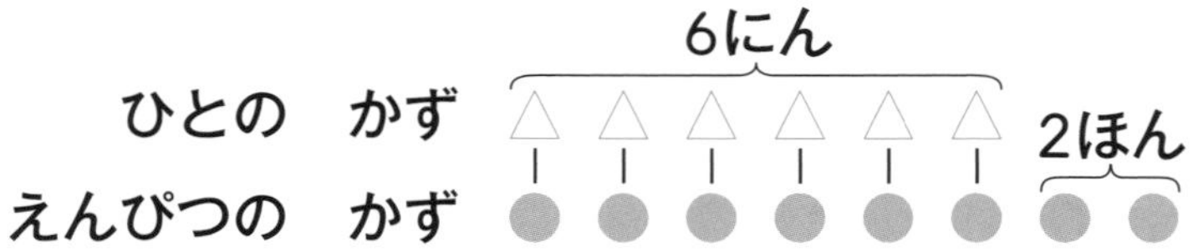

[しき] □ ＋ □ ＝ □

[こたえ] □ ほん

べんきょうした日　　月　　日

70 たしざんと　ひきざん
たしざんと　ひきざん⑥

りかい

▶▶▶ こたえは　べっさつ　15ページ

点数　　　点

しき25てん　こたえ25てん

1 いすが　5こ　あります。3にんの

ぜんぶの　いすの　かず　　いすに　すわる　こどもの　かず

こどもが　1こに　ひとりずつ　すわります。いすの

のこりは　なんこですか。

のこりの　いすの　かず

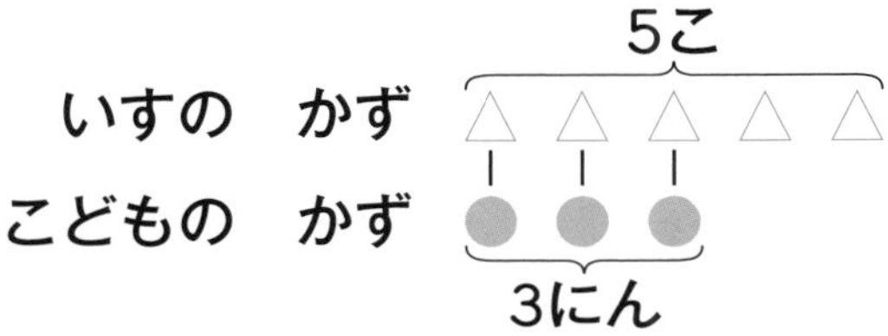

[しき] □ － □ ＝ □

ぜんぶの　かず　　すわる　かず　　のこりの　かず

のこりの　かずは
ひきざんで　もとめます。

[こたえ] □ こ

2 りんごが　7こ　あります。4にんが　1こずつ　た

ぜんぶの　りんごの　かず　　りんごを　たべる　ひとの　かず

べます。りんごの　のこりは　なんこですか。

のこりの　りんごの　かず

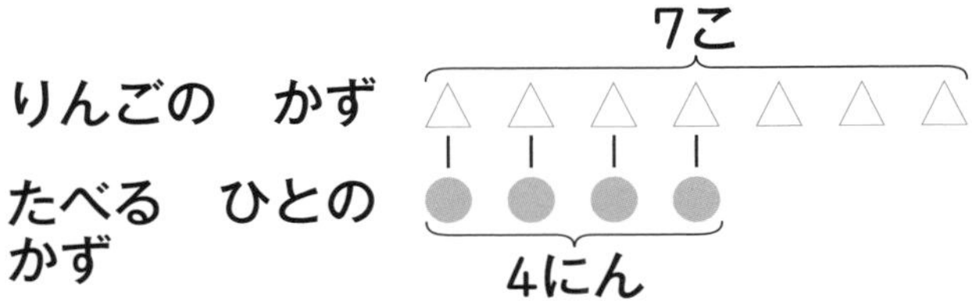

[しき] □ － □ ＝ □

[こたえ] □ こ

べんきょうした日　　月　　日

71 たしざんと　ひきざん
たしざんと　ひきざん⑥

れんしゅう

▶▶▶ こたえは　べっさつ　15ページ

点数　　点

しき15てん　こたえ10てん

1 5ひきの　ねこに　1こずつ　すずを　つけました。すずは　あと　4こ　あります。すずは　ぜんぶで　なんこ　ありますか。

[しき]

[こたえ]

2 7にんの　こどもが　ぼうしを　かぶって　います。ぼうしは　あと　3こ　あります。ぼうしは　ぜんぶで　なんこ　ありますか。

[しき]

[こたえ]

3 8ほんの　えんぴつに　1こずつ　きゃっぷを　つけました。きゃっぷは　あと　4こ　あります。きゃっぷは　ぜんぶで　なんこ　ありますか。

[しき]

[こたえ]

4 6この　けえきに　1こずつ　いちごを　のせました。いちごは　あと　9こ　のこって　います。いちごは　ぜんぶで　なんこ　ありますか。

[しき]

[こたえ]

べんきょうした日　　月　　日

72 たしざんと　ひきざん
たしざんと　ひきざん⑥

れんしゅう

▶▶▶こたえは　べっさつ　15ページ

しき15てん　こたえ10てん

点数　　点

1 おりがみが　9まい　あります。7にんに　1まいずつ　くばりました。おりがみは　なんまい　のこって　いますか。

[しき]

[こたえ]

2 ももが　10こ　あります。6にんが　1こずつ　たべました。ももは　なんこ　のこって　いますか。

[しき]

[こたえ]

3 けえきが　8こ　あります。おさらが　6まい　あります。おさら　1まいに　けえきを　1こずつ　のせるには，おさらは　なんまい　たりないですか。

[しき]

[こたえ]

4 けしごむが　7こ　あります。13にんの　こどもに　けしごむを　1こずつ　くばるには，けしごむは　なんこ　たりないですか。

[しき]

[こたえ]

べんきょうした日　　月　　日

73 たしざんと　ひきざん
たしざんと　ひきざん⑥

れんしゅう

▶▶▶ こたえは　べっさつ　15ページ

点数　　点

しき15てん　こたえ10てん

1 6にんの　こどもが　いろがみを　1まいずつ　もって　います。いろがみは　あと　4まい　あります。いろがみは　ぜんぶで　なんまい　ありますか。

[しき]

[こたえ]

2 おりがみが　6まい　あります。4にんに　1まいずつ　くばりました。おりがみは　なんまい　のこって　いますか。

[しき]

[こたえ]

3 6にんの　おとこのこと　4にんの　おんなのこに　いろがみを　1まいずつ　くばります。いろがみは　ぜんぶで　なんまい　いりますか。

[しき]

[こたえ]

4 おりがみが　4まい　あります。6にんの　こどもに　おりがみを　1まいずつ　くばるには，おりがみは　なんまい　たりないですか。

[しき]

[こたえ]

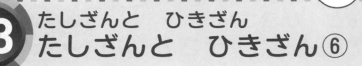

べんきょうした日　　月　　日

74 たしざんと　ひきざん
たしざんと　ひきざん⑦

りかい

▶▶▶ こたえは　べっさつ　15ページ

しき25てん　こたえ25てん

点数　　　　点

1 りんごが　4こ　あります。みかんは
　　　　　りんごの　かず

りんごより　3こ　おおいそうです。みかんは　なんこ
りんごより　おおい　かず　　　　　　　　　みかんの　かず

ありますか。

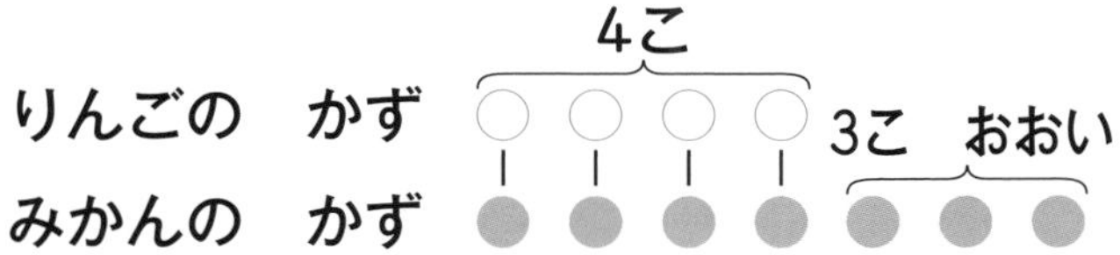

[しき]　□ ＋ □ ＝ □

りんごの　かず　　りんごより　おおい　かず　　みかんの　かず

おおい　ほうの　かずは
たしざんで　もとめます。

[こたえ]　□ こ

2 いぬが　5ひき　います。ねこは　いぬより　4ひき
　　　いぬの　かず　　　　　　　　　いぬより　おおい　かず

おおいです。ねこは　なんびき　いますか。
　　　　　　ねこの　かず

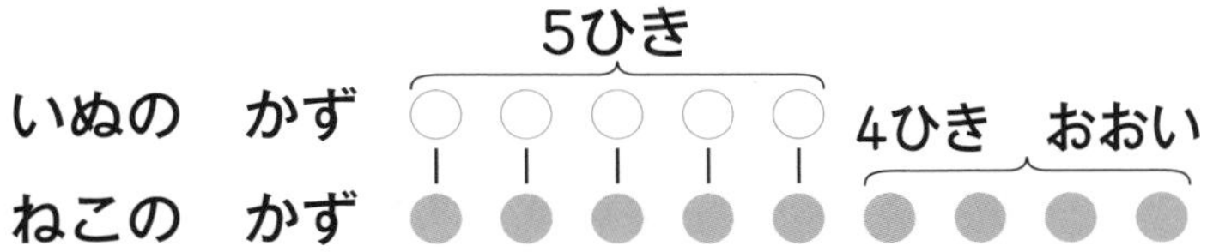

[しき]　□ ＋ □ ＝ □

[こたえ]　□ ひき

べんきょうした日　　月　　日

75 たしざんと　ひきざん
たしざんと　ひきざん⑦

りかい

▶▶▶ こたえは　べっさつ　16ページ

点数　　　点

しき25てん　こたえ25てん

1 いちごが　7こ　あります。なしは　いちごより　2こ　すくないです。なしは　なんこ　ありますか。

いちごの　かず　／　いちごより　すくない　かず　／　なしの　かず

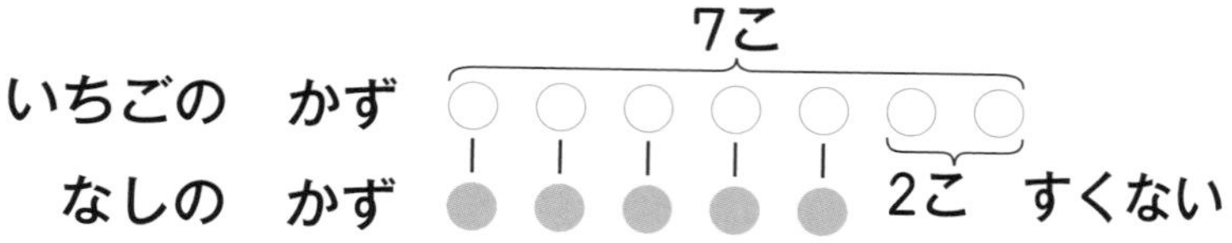

[しき]　□ － □ ＝ □

いちごの　かず　／　いちごより　すくない　かず　／　なしの　かず

すくない　ほうの　かずは
ひきざんで　もとめます。

[こたえ]　□ こ

2 りすが　9ひき　います。うさぎは　りすより　3びき　すくないです。うさぎは　なんびき　いますか。

りすの　かず　／　りすより　すくない　かず　／　うさぎの　かず

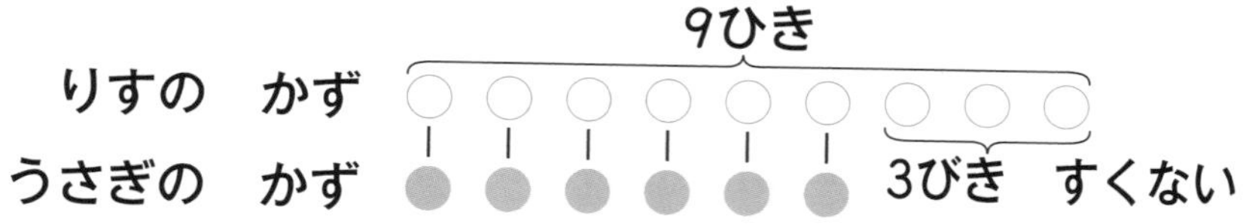

[しき]　□ － □ ＝ □

[こたえ]　□ ぴき

べんきょうした日　　月　　日

76 たしざんと　ひきざん
たしざんと　ひきざん⑦

れんしゅう

▶▶▶ こたえは　べっさつ　16ページ

点数　　点

しき15てん　こたえ10てん

1 すずめが　6わ　います。からすは　すずめより　3わ　おおいです。からすは　なんわ　いますか。

[しき]

[こたえ]

2 あかい　はなが　8ほん　さいて　います。しろい　はなは　あかい　はなより　4ほん　おおく　さいて　います。しろい　はなは　なんぼん　さいて　いますか。

[しき]

[こたえ]

3 ぶたが　10ぴき　います。ひつじは　ぶたより　2ひき　おおいです。ひつじは　なんびき　いますか。

[しき]

[こたえ]

4 まみさんは　しいるを　23まい　もって　います。あずささんは　まみさんより　しいるを　5まい　おおく　もって　います。あずささんの　もって　いる　しいるは　なんまいですか。

[しき]

[こたえ]

べんきょうした日　　月　　日

77　たしざんと　ひきざん
たしざんと　ひきざん⑦

れんしゅう

こたえは　べっさつ　16ページ

しき15てん　こたえ10てん

点数　　点

1　きつねが　8ひき　います。たぬきは　きつねより　3びき　すくないです。たぬきは　なんびき　いますか。

[しき]

[こたえ]

2　あおい　くつが　12そく　あります。しろい　くつは　あおい　くつより　7そく　すくないです。しろい　くつは　なんそく　ありますか。

[しき]

[こたえ]

3　ゆきさんは　かあどを　14まい　もって　います。れいこさんの　もって　いる　かあどは　ゆきさんより　4まい　すくないです。れいこさんの　もって　いる　かあどは　なんまいですか。

[しき]

[こたえ]

4　おとこのこが　36にん　います。おんなのこは　おとこのこより　3にん　すくないです。おんなのこは　なんにん　いますか。

[しき]

[こたえ]

べんきょうした日　月　日

78 たしざんと　ひきざん

たしざんと　ひきざん⑦

れんしゅう

▶▶▶ こたえは　べっさつ　16ページ

点数　点

しき15てん　こたえ10てん

1 うしが　9とう　います。うまは　うしより　6とう　おおいです。うまは　なんとう　いますか。

[しき]

[こたえ]

2 あかい　かみが　7まい　あります。しろい　かみは　あかい　かみより　2まい　すくないです。しろい　かみは　なんまい　ありますか。

[しき]

[こたえ]

3 かるたとりを　しました。なおとさんは　8まい　とりました。いおりさんは　なおとさんより　2まい　おおく　とりました。いおりさんは　なんまい　とりましたか。

[しき]

[こたえ]

4 えほんが　13さつ　あります。ずかんは　えほんより　5さつ　すくないです。ずかんは　なんさつ　ありますか。

[しき]

[こたえ]

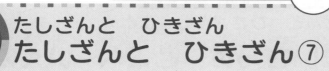

べんきょうした日　　月　　日

79

たしざんと　ひきざんの　まとめ

やよいさんは　どこへ　いくの？

▶▶▶ こたえは べっさつ 16ページ

ただしい　しきを　えらんで　すすむと，
やよいさんの　いく　ところが　わかります。
やよいさんは　どこへ　いくのでしょう？

ねこが 6ぴき います。いぬは ねこより 2ひき おおいです。いぬは なんびき いますか。

6 − 2 ＝ 4

5この ぷりんに 1こずつ いちごを のせました。いちごは あと 3こ のこって います。いちごは ぜんぶで なんこ ありますか。

5 − 3 ＝ 2

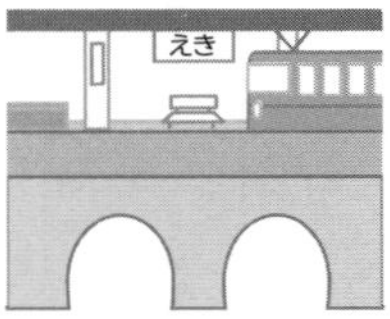

えき

5 ＋ 3 ＝ 8

こうえん

6 ＋ 2 ＝ 8

7にんが ならんで います。たいちさんの うしろに 4にん います。たいちさんは まえから なんばんめ ですか。

7 − 4 ＝ 3

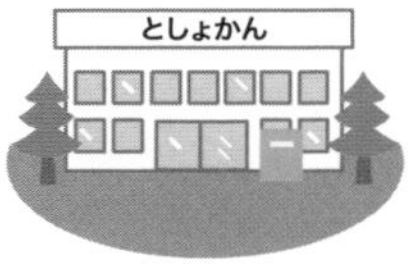

としょかん

7 ＋ 4 ＝ 11

ゆうえんち

こたえ

小学算数　文章題の正しい解き方ドリル　1年・べっさつ

答えとおうちのかた手引き

1　たしざん　たしざん①　りかい

▶▶▶ほんさつ２ページ

1　[しき]　いちごの数
3＋2＝5
りんごの数　あわせた数
[こたえ]　5こ

2　[しき]　黄色いかさの数
4＋3＝7
赤いかさの数　あわせた数
[こたえ]　7ほん

ポイント

あわせた数を求めるには，たし算を使います。りんごやいちごなどの数を●で表すと，式を立てやすくなります。

2　たしざん　たしざん①　りかい

▶▶▶ほんさつ３ページ

1　[しき]　女の子の数
4＋5＝9
男の子の数　全部の数
[こたえ]　9にん

2　[しき]　赤い花の数
3＋7＝10
白い花の数　全部の数
[こたえ]　10ぽん

ポイント

1　男の子の数に女の子の数をたすと，全部の数を求めることができます。

2　白い花の数に赤い花の数をたすと，全部の数を求めることができます。

3　たしざん　たしざん①　れんしゅう

▶▶▶ほんさつ４ページ

1　[しき]　レモンのあめの数
1＋4＝5
ぶどうのあめの数　全部の数
[こたえ]　5こ

2　[しき]　青いコップの数
6＋2＝8
赤いコップの数　全部の数
[こたえ]　8こ

3　[しき]　おはじきの数
2＋7＝9
おはじきの数　あわせた数
[こたえ]　9こ

4　[しき]　大人の数
4＋6＝10
子どもの数　全部の数
[こたえ]　10にん

ポイント

1　ぶどうのあめの数にレモンのあめの数をたすと，全部の数を求めることができます。

4　たしざん　たしざん①　れんしゅう

▶▶▶ほんさつ５ページ

1　[しき]　黒い犬の数
2＋3＝5
白い犬の数　全部の数
[こたえ]　5ひき

2　[しき]　青い車の数
6＋1＝7
赤い車の数　全部の数
[こたえ]　7だい

3　[しき]　メロンパンの数
3＋3＝6
あんパンの数　全部の数
[こたえ]　6こ

4　[しき]　絵本の数
2＋8＝10
図かんの数　全部の数
[こたえ]　10さつ

ポイント

1　白い犬の数に黒い犬の数をたすと，全部の数を求めることができます。

5 たしざん たしざん②

りかい

▶▶▶ほんさつ6ページ

1 ［しき］　増えた数
3＋1＝4
最初の数　全部の数
［こたえ］　4ひき

2 ［しき］　増えた数
2＋6＝8
最初の数　全部の数
［こたえ］　8だい

ポイント

増えた数をたした全部の数を求めるには，たし算を使います。

6 たしざん たしざん②

りかい

▶▶▶ほんさつ7ページ

1 ［しき］　もらった数
3＋4＝7
最初の数　全部の数
［こたえ］　7まい

2 ［しき］　増えた数
8＋2＝10
最初の数　全部の数
［こたえ］　10ぴき

ポイント

1 最初のおり紙の数にもらったおり紙の数をたすと，全部の数を求めることができます。

7 たしざん たしざん②

れんしゅう

▶▶▶ほんさつ8ページ

1 ［しき］　来た数
1＋2＝3
最初の数　全部の数
［こたえ］　3びき

2 ［しき］　もらった数
5＋2＝7
最初の数　全部の数
［こたえ］　7ほん

3 ［しき］　買った数
2＋4＝6
最初の数　全部の数
［こたえ］　6こ

4 ［しき］　来た数
6＋4＝10
最初の数　全部の数
［こたえ］　10わ

8 たしざん たしざん②

れんしゅう

▶▶▶ほんさつ9ページ

1 ［しき］　もらった数
4＋2＝6
最初の数　全部の数
［こたえ］　6こ

2 ［しき］　来た数
3＋6＝9
最初の数　全部の数
［こたえ］　9にん

3 ［しき］　もらった数
4＋4＝8
最初の数　全部の数
［こたえ］　8ほん

4 ［しき］　来た数
7＋3＝10
最初の数　全部の数
［こたえ］　10ぴき

ポイント

1 最初のみかんの数にもらったみかんの数をたすと，全部の数を求めることができます。

2 最初にいた子どもの数に，後から来た子どもの数をたすと，全部の数を求めることができます。

4 たした結果がくり上がって10になることに注意します。

9 たしざん たしざん③

りかい

▶▶▶ほんさつ10ページ

1 ［しき］　2回目に入った数
3＋0＝3
1回目に入った数　あわせた数
［こたえ］　3こ

2 ［しき］　2回目に入った数
0＋2＝2
1回目に入った数　あわせた数
［こたえ］　2こ

ポイント

0が入っていても，たし算であわせた数を求めることができます。

ここが ニガテ

何もないことをたす「0のたし算」は，式の意味を理解しにくいです。輪投げゲームの点数計算をする等の体験をさせるとよいでしょう。

10 たしざん たしざん③

れんしゅう

ほんさつ11ページ

1 [しき]　2＋0＝2
（2回目に入った数 ／ 1回目に入った数 ／ あわせた数）
[こたえ]　2こ

2 [しき]　5＋0＝5
（2回目に入った数 ／ 1回目に入った数 ／ あわせた数）
[こたえ]　5こ

3 [しき]　0＋4＝4
（2回目に入った数 ／ 1回目に入った数 ／ あわせた数）
[こたえ]　4こ

4 [しき]　0＋0＝0
（2回目に入った数 ／ 1回目に入った数 ／ あわせた数）
[こたえ]　0こ

ポイント

1回目の数に2回目の数をたすと，あわせた数を求めることができます。

11 たしざん たしざん④

りかい

ほんさつ12ページ

1 [しき]　10＋2＝12
（黒いうさぎの数 ／ 白いうさぎの数 ／ あわせた数）
[こたえ]　12ひき

2 [しき]　13＋5＝18
（もらった数 ／ 最初の数 ／ 全部の数）
[こたえ]　18こ

12 たしざん たしざん④

れんしゅう

ほんさつ13ページ

1 [しき]　10＋3＝13
（来た数 ／ 最初の数 ／ 全部の数）
[こたえ]　13わ

2 [しき]　10＋8＝18
（青い風船の数 ／ 赤い風船の数 ／ 全部の数）
[こたえ]　18こ

3 [しき]　12＋4＝16
（もらった数 ／ 最初の数 ／ 全部の数）
[こたえ]　16こ

4 [しき]　13＋6＝19
（大人の数 ／ 子どもの数 ／ 全部の数）
[こたえ]　19にん

13 たしざん たしざん⑤

りかい

ほんさつ14ページ

1 [しき]　9＋3＝12
（女の子の数 ／ 男の子の数 ／ あわせた数）
[こたえ]　12にん

2 [しき]　4＋8＝12
（青いぼうしの数 ／ 赤いぼうしの数 ／ あわせた数）
[こたえ]　12こ

ポイント

あわせた数を求めるので，たし算を使います。

ここが ニガテ

●の数が多いと，●の個数をかき間違えやすいです。その場合は，●ではなく数字で表すとよいでしょう。

14 たしざん たしざん⑤

りかい

ほんさつ15ページ

1 [しき]　7＋6＝13
（茶色いたまごの数 ／ 白いたまごの数 ／ あわせた数）
[こたえ]　13こ

2 [しき]　8＋9＝17
（チョコレートのケーキの数 ／ いちごのケーキの数 ／ あわせた数）
[こたえ]　17こ

ポイント

1 白いたまごの数に茶色いたまごの数をたすと，あわせた数を求めることができます。

2 いちごのケーキの数にチョコレートのケーキの数をたすと，あわせた数を求めることができます。

15 たしざん たしざん⑤

れんしゅう

▶▶▶ほんさつ16ページ

1 ［しき］　8＋4＝12
子どもの数
大人の数　あわせた数
［こたえ］　12にん

2 ［しき］　5＋9＝14
ぶどうのガムの数
いちごのガムの数　全部の数
［こたえ］　14こ

3 ［しき］　6＋8＝14
白いあさがおの数
赤いあさがおの数　あわせた数
［こたえ］　14こ

4 ［しき］　4＋7＝11
おり紙の数
おり紙の数　あわせた数
［こたえ］　11まい

16 たしざん たしざん⑤

れんしゅう

▶▶▶ほんさつ17ページ

1 ［しき］　9＋4＝13
白いくつの数
青いくつの数　あわせた数
［こたえ］　13ぞく

2 ［しき］　5＋8＝13
女の子の数
男の子の数　全部の数
［こたえ］　13にん

3 ［しき］　7＋8＝15
うさぎのぬいぐるみの数
くまのぬいぐるみの数　全部の数
［こたえ］　15こ

4 ［しき］　9＋9＝18
2年生の数
1年生の数　あわせた数
［こたえ］　18にん

17 たしざん たしざん⑤

れんしゅう

▶▶▶ほんさつ18ページ

1 ［しき］　7＋5＝12
水そうの金魚の数
池の金魚の数　全部の数
［こたえ］　12ひき

2 ［しき］　6＋9＝15
すべり台の子どもの数
ブランコの子どもの数　全部の数
［こたえ］　15にん

3 ［しき］　8＋8＝16
物語の数
童話の数　全部の数
［こたえ］　16さつ

4 ［しき］　9＋7＝16
赤組の数
白組の数　あわせた数
［こたえ］　16にん

18 たしざんの　まとめ① おやつは　なにかな？

▶▶▶ほんさつ19ページ

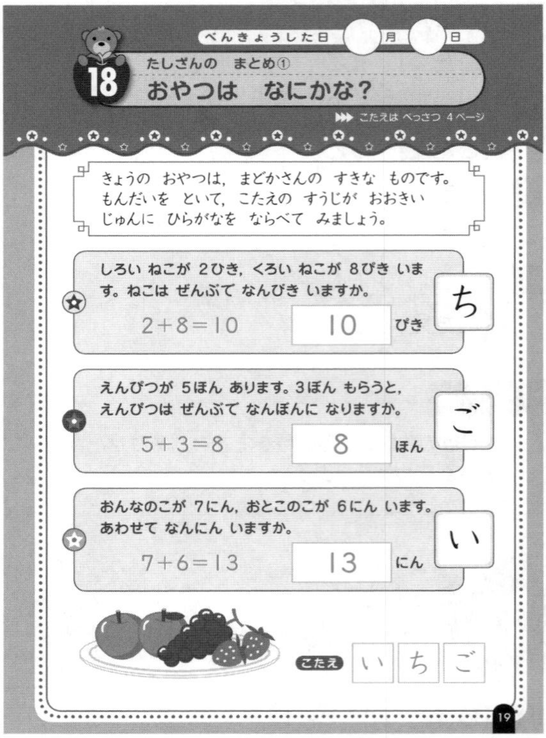
べんきょうした日　月　日
18 たしざんの　まとめ①
おやつは　なにかな？
▶▶▶こたえは べっさつ 4ページ

きょうの　おやつは，まどかさんの　すきな　ものです。
もんだいを　といて，こたえの　すうじが　おおきい
じゅんに　ひらがなを　ならべて　みましょう。

しろい　ねこが　2ひき，くろい　ねこが　8ぴき　います。ねこは　ぜんぶで　なんびき　いますか。
2＋8＝10　10 ぴき　ち

えんぴつが　5ほん　あります。3ぼん　もらうと，えんぴつは　ぜんぶで　なんぼんに　なりますか。
5＋3＝8　8 ほん　ご

おんなのこが　7にん，おとこのこが　6にん　います。あわせて　なんにん　いますか。
7＋6＝13　13 にん　い

こたえ　い　ち　ご

19

19 たしざん たしざん⑥

りかい

▶▶▶ほんさつ20ページ

1 ［しき］　8＋3＝11
増えた数
最初の数　全部の数
［こたえ］　11ぴき

2 ［しき］　4＋9＝13
増えた数
最初の数　全部の数
［こたえ］　13まい

ポイント

増えた数をたした全部の数を求めるには，たし算を使います。

20 たしざん たしざん⑥ りかい

▶▶▶ほんさつ21ページ

1 ［しき］ 6＋7＝13
（最初の数 6，増えた数 7，全部の数 13）
［こたえ］ 13わ

2 ［しき］ 9＋8＝17
（最初の数 9，増えた数 8，全部の数 17）
［こたえ］ 17まい

ポイント

1 最初のひよこの数に増えたひよこの数をたすと，全部の数を求めることができます。

21 たしざん たしざん⑥ れんしゅう

▶▶▶ほんさつ22ページ

1 ［しき］ 9＋2＝11
（最初の数 9，増えた数 2，全部の数 11）
［こたえ］ 11わ

2 ［しき］ 5＋7＝12
（最初の数 5，増えた数 7，全部の数 12）
［こたえ］ 12まい

3 ［しき］ 7＋7＝14
（最初の数 7，増えた数 7，全部の数 14）
［こたえ］ 14ひき

4 ［しき］ 5＋6＝11
（最初の数 5，増えた数 6，全部の数 11）
［こたえ］ 11ぴき

22 たしざん たしざん⑥ れんしゅう

▶▶▶ほんさつ23ページ

1 ［しき］ 8＋5＝13
（最初の数 8，増えた数 5，全部の数 13）
［こたえ］ 13にん

2 ［しき］ 2＋9＝11
（最初の数 2，増えた数 9，全部の数 11）
［こたえ］ 11ぴき

3 ［しき］ 8＋7＝15
（最初の数 8，増えた数 7，全部の数 15）
［こたえ］ 15こ

4 ［しき］ 9＋6＝15
（最初の数 9，増えた数 6，全部の数 15）
［こたえ］ 15まい

23 たしざん たしざん⑥ れんしゅう

▶▶▶ほんさつ24ページ

1 ［しき］ 3＋8＝11
（最初の数 3，増えた数 8，全部の数 11）
［こたえ］ 11ぽん

2 ［しき］ 3＋9＝12
（最初の数 3，増えた数 9，全部の数 12）
［こたえ］ 12こ

3 ［しき］ 6＋6＝12
（最初の数 6，増えた数 6，全部の数 12）
［こたえ］ 12そう

4 ［しき］ 8＋6＝14
（最初の数 8，増えた数 6，全部の数 14）
［こたえ］ 14こ

24 たしざんの まとめ② かったのは だれ？

▶▶▶ほんさつ25ページ

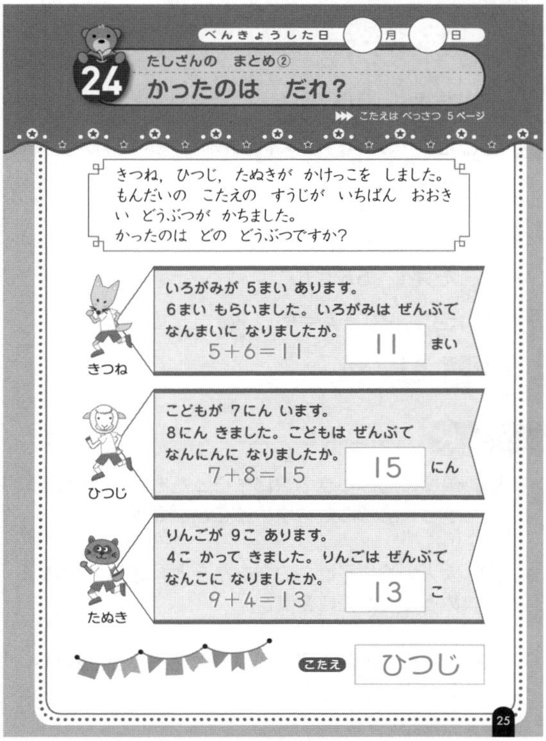
べんきょうした日　月　日
24 たしざんの まとめ②
かったのは だれ？
▶▶▶ こたえは べっさつ 5ページ

きつね，ひつじ，たぬきが かけっこを しました。
もんだいの こたえの すうじが いちばん おおきい どうぶつが かちました。
かったのは どの どうぶつですか？

きつね
いろがみが 5まい あります。
6まい もらいました。いろがみは ぜんぶで
なんまいに なりましたか。
5＋6＝11　11 まい

ひつじ
こどもが 7にん います。
8にん きました。こどもは ぜんぶで
なんにんに なりましたか。
7＋8＝15　15 にん

たぬき
りんごが 9こ あります。
4こ かって きました。りんごは ぜんぶで
なんこに なりましたか。
9＋4＝13　13 こ

こたえ　ひつじ

25

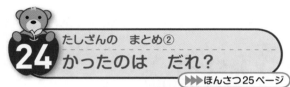

25 たしざん たしざん⑦

りかい

▶▶▶ほんさつ26ページ

1 ［しき］
青いおり紙の数
20＋30＝50
赤いおり紙の数　あわせた数
［こたえ］　50まい

2 ［しき］
増えた色紙の数
40＋6＝46
最初の色紙の数　全部の数
［こたえ］　46まい

ポイント

1 赤いおり紙の数に青いおり紙の数をたすと，あわせた数を求めることができます。

2 最初の色紙の数に増えた色紙の数をたすと，全部の数を求めることができます。

26 たしざん たしざん⑦

れんしゅう

▶▶▶ほんさつ27ページ

1 ［しき］
もらったおはじきの数
50＋20＝70
最初のおはじきの数　全部の数
［こたえ］　70こ

2 ［しき］
子どもの数
30＋70＝100
大人の数　あわせた数
［こたえ］　100にん

3 ［しき］
青い鉛筆の数
60＋8＝68
赤い鉛筆の数　あわせた数
［こたえ］　68ほん

4 ［しき］
増えたたまごの数
90＋4＝94
最初のたまごの数　全部の数
［こたえ］　94こ

ポイント

1 最初のおはじきの数にもらったおはじきの数をたすと，全部の数を求めることができます。

2 大人の数に子どもの数をたすと，あわせた数を求めることができます。

3 赤い鉛筆の数に青い鉛筆の数をたすと，あわせた数を求めることができます。

4 最初のたまごの数に増えたたまごの数をたすと，全部の数を求めることができます。

27 たしざん たしざん⑧

りかい

▶▶▶ほんさつ28ページ

1 ［しき］
青いおり紙の数
21＋4＝25
黄色いおり紙の数　あわせた数
［こたえ］　25まい

2 ［しき］
増えた色紙の数
32＋5＝37
最初の色紙の数　全部の数
［こたえ］　37まい

ポイント

2 最初の色紙の数に増えた色紙の数をたすと，全部の数を求めることができます。

28 たしざん たしざん⑧

れんしゅう

▶▶▶ほんさつ29ページ

1 ［しき］
黒いかさの数
65＋3＝68
赤いかさの数　あわせた数
［こたえ］　68ほん

2 ［しき］
増えた切手の数
95＋4＝99
最初の切手の数　全部の数
［こたえ］　99まい

3 ［しき］
赤いぼうしの数
46＋1＝47
白いぼうしの数　あわせた数
［こたえ］　47こ

4 ［しき］
増えたカラスの数
82＋4＝86
最初のカラスの数　全部の数
［こたえ］　86わ

29 ひきざん ひきざん①

りかい

▶▶▶ほんさつ30ページ

1 ［しき］
すくった数
5－2＝3
最初の数　残りの数
［こたえ］　3びき

2 ［しき］
飛んでいった数
6－4＝2
最初の数　残りの数
［こたえ］　2わ

ポイント

残りの数を求めるには，ひき算を使います。

30 ひきざん ひきざん①

りかい

▶▶▶ほんさつ31ページ

1 [しき]　7－3＝4
出ていった数
最初の数　残りの数

[こたえ]　4だい

2 [しき]　9－4＝5
男の子の数
全部の数　女の子の数

[こたえ]　5にん

ポイント

1 最初の車の数から出ていった車の数をひくと，残りの数を求めることができます。

2 全部の子どもの数から男の子の数をひくと，女の子の数を求めることができます。

31 ひきざん ひきざん①

れんしゅう

▶▶▶ほんさつ32ページ

1 [しき]　4－1＝3
あげた数
最初の数　残りの数

[こたえ]　3ぼん

2 [しき]　6－3＝3
食べた数
最初の数　残りの数

[こたえ]　3こ

3 [しき]　8－7＝1
使った数
最初の数　残りの数

[こたえ]　1まい

4 [しき]　9－5＝4
大人の数
全部の数　子どもの数

[こたえ]　4にん

ポイント

1 最初の花の数からあげた花の数をひくと，残りの数を求めることができます。

2 最初のいちごの数から食べたいちごの数をひくと，残りの数を求めることができます。

3 最初のおり紙の数から使ったおり紙の数をひくと，残りの数を求めることができます。

4 全部の数から大人の数をひくと，子どもの数を求めることができます。

32 ひきざん ひきざん①

れんしゅう

▶▶▶ほんさつ33ページ

1 [しき]　6－2＝4
食べた数
最初の数　残りの数

[こたえ]　4こ

2 [しき]　7－5＝2
あげた数
最初の数　残りの数

[こたえ]　2ほん

3 [しき]　9－6＝3
帰った数
最初の数　残りの数

[こたえ]　3にん

4 [しき]　8－3＝5
ぼうしをかぶっている子どもの数
全部の数　ぼうしをかぶっていない子どもの数

[こたえ]　5にん

33 ひきざん ひきざん②

りかい

▶▶▶ほんさつ34ページ

1 [しき]　5－3＝2
みかんの数
りんごの数　違いの数

[こたえ]　2こ

2 [しき]　7－4＝3
ねこの数
ねずみの数　違いの数

[こたえ]　3びき

ポイント

違いの数を求めるには，ひき算を使って，多い数から少ない数をひきます。

34 ひきざん ひきざん②

りかい

▶▶▶ほんさつ35ページ

1 [しき]　4－3＝1
クレヨンの数
鉛筆の数　違いの数

[こたえ]　えんぴつが　1ぽん　おおい。

2 [しき]　8－5＝3
女の子の数
男の子の数　違いの数

[こたえ]　3にん

ポイント

1 鉛筆の数からクレヨンの数をひくと，違いの数を求めることができます。

35 ひきざん ひきざん②

れんしゅう

ほんさつ36ページ

1 ［しき］　メロンの数
3−2=1
すいかの数　違いの数
［こたえ］　1こ

2 ［しき］　たいこの数
8−6=2
らっぱの数　違いの数
［こたえ］　2こ

3 ［しき］　くまの数
6−1=5
りすの数　違いの数
［こたえ］　5ひき

4 ［しき］　白い花の数
9−2=7
赤い花の数　違いの数
［こたえ］　あかい　はなが　7ほん　おおく さいて　いる。

ポイント

1 すいかの数のほうが多いので，すいかの数からメロンの数をひくと，違いの数を求めることができます。

4 赤い花は9本，白い花は2本なので，数が多いのは赤い花です。

36 ひきざん ひきざん②

れんしゅう

ほんさつ37ページ

1 ［しき］　にわとりの数
5−4=1
ひよこの数　違いの数
［こたえ］　1わ

2 ［しき］　かめの数
7−1=6
こいの数　違いの数
［こたえ］　6ぴき

3 ［しき］　大人の数
8−4=4
子どもの数　違いの数
［こたえ］　4にん

4 ［しき］　黒いくつの数
9−7=2
白いくつの数　違いの数
［こたえ］　2そく

ポイント

1 ひよこの数のほうが多いので，ひよこの数からにわとりの数をひくと，違いの数を求めることができます。

37 ひきざん ひきざん③

りかい

ほんさつ38ページ

1 ［しき］　すくった数
4−4=0
最初の数　残りの数
［こたえ］　0ひき

2 ［しき］　すくった数
4−0=4
最初の数　残りの数
［こたえ］　4ひき

ポイント

最初の金魚の数からすくった金魚の数をひくと，残りの数を求めることができます。計算の結果が0になったり，0をひいたりすることに注意します。

38 ひきざん ひきざん③

れんしゅう

ほんさつ39ページ

1 ［しき］　食べた数
3−3=0
最初の数　残りの数
［こたえ］　0こ

2 ［しき］　食べた数
3−0=3
最初の数　残りの数
［こたえ］　3こ

3 ［しき］　あげた数
5−5=0
最初の数　残りの数
［こたえ］　0まい

4 ［しき］　あげた数
5−0=5
最初の数　残りの数
［こたえ］　5まい

39 ひきざん ひきざん④

りかい

ほんさつ40ページ

1 ［しき］　食べた数
15−5=10
最初の数　残りの数
［こたえ］　10こ

2 ［しき］　とんぼの数
15−3=12
はちの数　違いの数
［こたえ］　12ひき

ポイント

2 はちの数のほうが多いので，はちの数からとんぼの数をひくと，違いの数を求めることができます。

40 ひきざん ひきざん④

れんしゅう

▶▶▶ほんさつ41ページ

1 ［しき］ 食べた数
12－2＝10
最初の数　残りの数
［こたえ］ 10こ

2 ［しき］ 女の子の数
17－4＝13
全部の数　男の子の数
［こたえ］ 13にん

3 ［しき］ メロンパンの数
16－6＝10
あんパンの数　違いの数
［こたえ］ あんぱんが 10こ おおい。

4 ［しき］ 大人の数
18－7＝11
子どもの数　違いの数
［こたえ］ 11にん

41 ひきざん ひきざん⑤

りかい

▶▶▶ほんさつ42ページ

1 ［しき］ 食べた数
12－9＝3
最初の数　残りの数
［こたえ］ 3こ

2 ［しき］ 飛んでいった数
14－8＝6
最初の数　残りの数
［こたえ］ 6こ

ポイント

残りの数は，最初にある数から減った数をひくと求めることができます。

ここが ニガテ

くり下がりのあるひき算は間違えやすいです。ひかれる数を10といくつに分けて考えます。

42 ひきざん ひきざん⑤

りかい

▶▶▶ほんさつ43ページ

1 ［しき］ あげた数
15－6＝9
最初の数　残りの数
［こたえ］ 9まい

2 ［しき］ 当たりの数
11－3＝8
全部の数　はずれの数
［こたえ］ 8まい

43 ひきざん ひきざん⑤

れんしゅう

▶▶▶ほんさつ44ページ

1 ［しき］ 帰った数
15－8＝7
最初の数　残りの数
［こたえ］ 7にん

2 ［しき］ 食べた数
13－7＝6
最初の数　残りの数
［こたえ］ 6こ

3 ［しき］ 使った数
12－4＝8
最初の数　残りの数
［こたえ］ 8まい

4 ［しき］ 女の子の数
14－5＝9
全部の数　男の子の数
［こたえ］ 9にん

ポイント

1 最初の子どもの数から帰った子どもの数をひくと，残りの数を求めることができます。

4 全部の子どもの数から女の子の数をひくと，男の子の数を求めることができます。

44 ひきざん ひきざん⑤

れんしゅう

▶▶▶ほんさつ45ページ

1 ［しき］ 飛んでいった数
16－9＝7
最初の数　残りの数
［こたえ］ 7わ

2 ［しき］ 食べた数
11－6＝5
最初の数　残りの数
［こたえ］ 5まい

3 ［しき］ 使った数
12－5＝7
最初の数　残りの数
［こたえ］ 7まい

4 ［しき］ 大人の数
16－7＝9
全部の数　子どもの数
［こたえ］ 9にん

ポイント

1 最初の数から飛んでいった数をひくと，残りの数を求めることができます。

2 最初の数から食べた数をひくと，残りの数を求めることができます。

4 全部の数から大人の数をひくと，子どもの数を求めることができます。

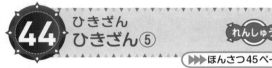

45 ひきざん ひきざん⑤

れんしゅう

ほんさつ46ページ

1 [しき]　にげた数
18−9=9
最初の数　残りの数
[こたえ]　9ひき

2 [しき]　つんだ数
12−8=4
最初の数　残りの数
[こたえ]　4ほん

3 [しき]　けずってある数
15−7=8
全部の数　けずっていない数
[こたえ]　8ほん

4 [しき]　われている数
11−4=7
全部の数　われていない数
[こたえ]　7こ

46 ひきざんの　まとめ① すきな　どうぶつを　みつけよう！

ほんさつ47ページ

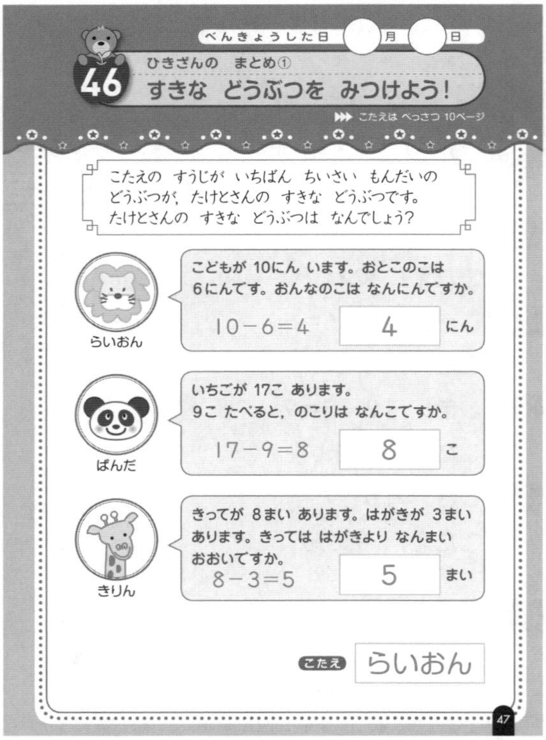
べんきょうした日　月　日
46 ひきざんの　まとめ①
すきな　どうぶつを　みつけよう！
こたえは べっさつ 10ページ

こたえの　すうじが　いちばん　ちいさい　もんだいの　どうぶつが，たけとさんの　すきな　どうぶつです。たけとさんの　すきな　どうぶつは　なんでしょう？

らいおん：こどもが 10にん います。おとこのこは 6にんです。おんなのこは なんにんですか。
10−6=4　4　にん

ぱんだ：いちごが 17こ あります。9こ たべると，のこりは なんこですか。
17−9=8　8　こ

きりん：きってが 8まい あります。はがきが 3まい あります。きっては はがきより なんまい おおいですか。
8−3=5　5　まい

こたえ　らいおん

47

47 ひきざん ひきざん⑥

りかい

ほんさつ48ページ

1 [しき]　くりの数
11−8=3
なしの数　違いの数
[こたえ]　3こ

2 [しき]　犬の数
14−6=8
ねこの数　違いの数
[こたえ]　8ひき

ポイント

違いの数は，多いほうの数から少ないほうの数をひくと求めることができます。

ここが ニガテ

くり下がりのあるひき算は間違えやすいです。ひかれる数を10といくつに分けて考えます。また，少ないほうの数から多いほうの数をひく式を立てないように注意しましょう。

48 ひきざん ひきざん⑥

りかい

ほんさつ49ページ

1 [しき]　女の子の数
13−9=4
男の子の数　違いの数
[こたえ]　おとこのこが　4にん　おおい。

2 [しき]　馬の数
12−3=9
牛の数　違いの数
[こたえ]　9とう

49 ひきざん ひきざん⑥

れんしゅう

ほんさつ50ページ

1 [しき]　カラスの数
14−9=5
すずめの数　違いの数
[こたえ]　5わ

2 [しき]　とんぼの数
11−7=4
ちょうの数　違いの数
[こたえ]　4ひき

3 [しき]　図かんの数
12−6=6
絵本の数　違いの数
[こたえ]　6さつ

4 [しき]　りすの数
17−8=9
うさぎの数　違いの数
[こたえ]　うさぎが　9ひき　おおい。

50 ひきざん ひきざん⑥ れんしゅう

▶▶▶ほんさつ51ページ

1 [しき] 15－9＝6
（15：いちごの数　9：りんごの数　6：違いの数）
[こたえ] 6こ

2 [しき] 11－5＝6
（11：はとの数　5：すずめの数　6：違いの数）
[こたえ] 6わ

3 [しき] 13－8＝5
（13：切手の数　8：封筒の数　5：違いの数）
[こたえ] 5まい

4 [しき] 16－8＝8
（16：赤い風船の数　8：青い風船の数　8：違いの数）
[こたえ] 8こ

ポイント

1 いちごの数のほうが多いので，いちごの数からりんごの数をひくと，違いの数を求めることができます。

51 ひきざん ひきざん⑥ れんしゅう

▶▶▶ほんさつ52ページ

1 [しき] 17－9＝8
（17：りすの数　9：さるの数　8：違いの数）
[こたえ] りすが　8ひき　おおい。

2 [しき] 12－7＝5
（12：ひよこの数　7：にわとりの数　5：違いの数）
[こたえ] ひよこが　5わ　おおい。

3 [しき] 13－4＝9
（13：女の子の数　4：男の子の数　9：違いの数）
[こたえ] 9にん

4 [しき] 14－7＝7
（14：白い花の数　7：赤い花の数　7：違いの数）
[こたえ] 7ほん

ポイント

1 さるが9ひき，りすが17ひきなので，数が多いのはりすです。

ここが ニガテ

問題文に出てくる順に 9－17 と式を立ててしまう間違いが多いです。数の多いほうからひくことを確認させましょう。

52 ひきざんの まとめ② なんの じが でて くるかな？

▶▶▶ほんさつ53ページ

べんきょうした日　月　日

52 ひきざんの まとめ② なんの じが でて くるかな？

▶▶▶こたえは べっさつ 11ページ

もんだいを といて，こたえの すうじの ところに いろを ぬりましょう。でて くる じは なにかな？

おとこのこが 15にん います。おんなのこが 8にん います。ちがいは なんにんですか。　15－8＝7　7 にん

いぬが 14ひき います。ねこが 9ひき います。いぬは ねこより なんびき おおいですか。14－9＝5　5 ひき

みかんが 16こ，いちごが 7こ あります。ちがいは なんこですか。16－7＝9　9 こ

9	7	5	5	7
8	8	9	6	4
7	5	7	9	5
4	6	5	8	6
5	9	7	9	9

こたえ　王

53

53 ひきざん ひきざん⑦ りかい

▶▶▶ほんさつ54ページ

1 [しき] 50－40＝10
（50：最初の数　40：使った数　10：残りの数）
[こたえ] 10まい

2 [しき] 34－4＝30
（34：赤いおり紙の数　4：青いおり紙の数　30：違いの数）
[こたえ] 30まい

ポイント

2 赤いおり紙の数のほうが多いので，赤いおり紙の数から青いおり紙の数をひくと，違いの数を求めることができます。

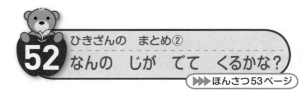

54 ひきざん ひきざん⑦

れんしゅう

▶▶▶ほんさつ55ページ

使った数
1 [しき]　80－60＝20
最初の数　残りの数
[こたえ]　20まい

女の子の数
2 [しき]　100－20＝80
全部の数　男の子の数
[こたえ]　80にん

チョコレートの数
3 [しき]　47－7＝40
あめの数　違いの数
[こたえ]　40こ

犬の数
4 [しき]　69－9＝60
羊の数　違いの数
[こたえ]　ひつじが　60ぴき　おおい。

55 ひきざん ひきざん⑧

りかい

▶▶▶ほんさつ56ページ

使った数
1 [しき]　26－5＝21
最初の数　残りの数
[こたえ]　21まい

黄色いおり紙の数
2 [しき]　35－3＝32
赤いおり紙の数　違いの数
[こたえ]　32まい

ポイント

2 赤いおり紙の数のほうが多いので，赤いおり紙の数から黄色いおり紙の数をひくと，違いの数を求めることができます。

56 ひきざん ひきざん⑧

れんしゅう

▶▶▶ほんさつ57ページ

あげた数
1 [しき]　47－2＝45
最初の数　残りの数
[こたえ]　45まい

食べた数
2 [しき]　98－5＝93
最初の数　残りの数
[こたえ]　93こ

おすの数
3 [しき]　59－3＝56
全部の数　めすの数
[こたえ]　56とう

くじらの数
4 [しき]　77－4＝73
いるかの数　違いの数
[こたえ]　73とう

57 たしざんと　ひきざん たしざんと　ひきざん①

りかい

▶▶▶ほんさつ58ページ

増えた数　全部の数
1 [しき]　2＋1＋4＝7
最初の数　また増えた数
[こたえ]　7ひき

増えた数　全部の数
2 [しき]　7＋3＋2＝12
最初の数　また増えた数
[こたえ]　12こ

ポイント

増えたあと，また増えているので，たして，たして求めます。

58 たしざんと　ひきざん たしざんと ひきざん①

れんしゅう

▶▶▶ほんさつ59ページ

増えた数　全部の数
1 [しき]　3＋1＋2＝6
最初の数　また増えた数
[こたえ]　6ぴき

増えた数　全部の数
2 [しき]　4＋2＋3＝9
最初の数　また増えた数
[こたえ]　9だい

増えた数　全部の数
3 [しき]　6＋4＋9＝19
最初の数　また増えた数
[こたえ]　19にん

増えた数　全部の数
4 [しき]　2＋8＋7＝17
最初の数　また増えた数
[こたえ]　17まい

59 たしざんと　ひきざん たしざんと　ひきざん②

りかい

▶▶▶ほんさつ60ページ

減った数　残りの数
1 [しき]　9－4－3＝2
最初の数　また減った数
[こたえ]　2わ

減った数　残りの数
2 [しき]　12－2－6＝4
最初の数　また減った数
[こたえ]　4こ

ポイント

減ったあと，また減っているので，ひいて，ひいて求めます。

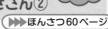

60 たしざんと　ひきざん　たしざんと ひきざん② れんしゅう

▶▶▶ほんさつ61ページ

減った数　残りの数
1 [しき]　8－2－3＝3
最初の数　また減った数
[こたえ]　3こ

減った数　残りの数
2 [しき]　10－4－1＝5
最初の数　また減った数
[こたえ]　5そう

減った数　残りの数
3 [しき]　13－3－6＝4
最初の数　また減った数
[こたえ]　4にん

減った数　残りの数
4 [しき]　17－7－2＝8
最初の数　また減った数
[こたえ]　8こ

61 たしざんと　ひきざん　たしざんと　ひきざん③ りかい

▶▶▶ほんさつ62ページ

増えた数　残りの数
1 [しき]　5＋2－3＝4
最初の数　減った数
[こたえ]　4こ

増えた数　残りの数
2 [しき]　7＋3－4＝6
最初の数　減った数
[こたえ]　6にん

ポイント

増えて，減っているので，たして，ひいて求めます。

62 たしざんと　ひきざん　たしざんと ひきざん③ れんしゅう

▶▶▶ほんさつ63ページ

増えた数　残りの数
1 [しき]　4＋3－2＝5
最初の数　減った数
[こたえ]　5こ

増えた数　残りの数
2 [しき]　3＋6－3＝6
最初の数　減った数
[こたえ]　6だい

増えた数　残りの数
3 [しき]　5＋5－2＝8
最初の数　減った数
[こたえ]　8まい

増えた数　残りの数
4 [しき]　2＋8－7＝3
最初の数　減った数
[こたえ]　3わ

63 たしざんと　ひきざん　たしざんと　ひきざん④ りかい

▶▶▶ほんさつ64ページ

減った数　全部の数
1 [しき]　6－4＋3＝5
最初の数　増えた数
[こたえ]　5こ

減った数　全部の数
2 [しき]　10－6＋3＝7
最初の数　増えた数
[こたえ]　7にん

ポイント

減って，増えているので，ひいて，たして求めます。

ここが ニガテ

数が増えているのか，減っているのかを確認してから式を立てるようにしましょう。減っている数をたしてしまわないように注意しましょう。

64 たしざんと　ひきざん　たしざんと ひきざん④ れんしゅう

▶▶▶ほんさつ65ページ

減った数　全部の数
1 [しき]　9－6＋2＝5
最初の数　増えた数
[こたえ]　5まい

減った数　全部の数
2 [しき]　8－7＋3＝4
最初の数　増えた数
[こたえ]　4まい

減った数　全部の数
3 [しき]　10－3＋1＝8
最初の数　増えた数
[こたえ]　8わ

減った数　全部の数
4 [しき]　10－8＋7＝9
最初の数　増えた数
[こたえ]　9にん

ポイント

減って，増えているので，ひいて，たして求めます。

1 最初に6枚使ったので減って，次に2枚もらったので増えています。

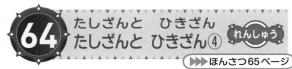

65 たしざんと　ひきざん　たしざんと　ひきざん⑤　りかい

ほんさつ66ページ

後ろにいる数
1 [しき]　3 + 4 = 7
たつやさんまでの数　あわせた数
[こたえ]　7にん

右にある数
2 [しき]　4 + 5 = 9
さとこさんの絵までの数　あわせた数
[こたえ]　9まい

ポイント

あるところまでの数に，あるところ以降にある数をたすと，全部の数を求めることができます。

66 たしざんと　ひきざん　たしざんと　ひきざん⑤　りかい

ほんさつ67ページ

後ろにいる数
1 [しき]　8－3＝5
全部の数　残りの数
[こたえ]　5ばんめ

右にある数
2 [しき]　9－2＝7
全部の数　残りの数
[こたえ]　7ばんめ

ポイント

2 全部の本の数から絵本の右にある数をひくと，左から何番目かを求めることができます。

67 たしざんと　ひきざん　たしざんと　ひきざん⑤　れんしゅう

ほんさつ68ページ

後ろにいる数
1 [しき]　6＋4＝10
なおこさんまでの数　全部の数
[こたえ]　10にん

たかしさんまでの数
2 [しき]　15－8＝7
全部の数　右にいる数
[こたえ]　7にん

下にある数
3 [しき]　6＋8＝14
図かんまでの数　全部の数
[こたえ]　14さつ

のりこさんからかおりさんまでの数
4 [しき]　8＋5＝13
のりこさんまでの数　前からかおりさんまでの数
[こたえ]　13ばんめ

68 たしざんと　ひきざん　たしざんと　ひきざん⑤　れんしゅう

ほんさつ69ページ

後ろにいる数　全部の数
1 [しき]　3＋4＋1＝8
前にいる数　あすかさん
[こたえ]　8にん

前にいる数　後ろにいる数
2 [しき]　9－3－1＝5
全部の数　ひろとさん
[こたえ]　5にん

右にいる数　全部の数
3 [しき]　5＋4＋1＝10
左にいる数　あみさん
[こたえ]　10にん

右にいる数　左にいる数
4 [しき]　10－6－1＝3
全部の数　ゆかりさん
[こたえ]　3にん

ポイント

1 あすかさんの前にいる人数と，あすかさんの後ろにいる人数と，あすかさんをたすと，全部の人数を求めることができます。

ここが ニガテ

問題場面をイメージしにくい場合は，次のような図をかいて説明するとよいでしょう。

1 ●●●○●●●●
(○があすかさん)

69 たしざんと　ひきざん　たしざんと　ひきざん⑥　りかい

ほんさつ70ページ

乗っていない数
1 [しき]　4＋3＝7
乗っている数　全部の数
[こたえ]　7だい

持っていない数
2 [しき]　6＋2＝8
持っている数　全部の数
[こたえ]　8ほん

ポイント

人数と個数のように違う種類の数でも，それが一対一に対応していれば，たし算やひき算で全部の数や残りの数を求めることができます。

70 たしざんと　ひきざん　たしざんと　ひきざん⑥　りかい

▶▶▶ほんさつ71ページ

1 [しき]　5－3＝2
座る数
全部の数　残りの数
[こたえ]　2こ

2 [しき]　7－4＝3
食べる数
全部の数　残りの数
[こたえ]　3こ

ポイント

2 全部のりんごの数から４人が食べるりんごの数をひくと，残りの数を求めることができます。

71 たしざんと　ひきざん　たしざんと　ひきざん⑥　れんしゅう

▶▶▶ほんさつ72ページ

1 [しき]　5＋4＝9
つけていない数
つけた数　全部の数
[こたえ]　9こ

2 [しき]　7＋3＝10
かぶっていない数
かぶっている数　全部の数
[こたえ]　10こ

3 [しき]　8＋4＝12
つけていない数
つけた数　全部の数
[こたえ]　12こ

4 [しき]　6＋9＝15
のせていない数
のせた数　全部の数
[こたえ]　15こ

72 たしざんと　ひきざん　たしざんと　ひきざん⑥　れんしゅう

▶▶▶ほんさつ73ページ

1 [しき]　9－7＝2
配った数
全部の数　残りの数
[こたえ]　2まい

2 [しき]　10－6＝4
食べた数
全部の数　残りの数
[こたえ]　4こ

3 [しき]　8－6＝2
お皿の数
ケーキの数　たりない数
[こたえ]　2まい

4 [しき]　13－7＝6
けしゴムの数
子どもの数　たりない数
[こたえ]　6こ

73 たしざんと　ひきざん　たしざんと　ひきざん⑥　れんしゅう

▶▶▶ほんさつ74ページ

1 [しき]　6＋4＝10
余っている数
持っている数　全部の数
[こたえ]　10まい

2 [しき]　6－4＝2
配った数
全部の数　残りの数
[こたえ]　2まい

3 [しき]　6＋4＝10
女の子に配る数
男の子に配る数　全部の数
[こたえ]　10まい

4 [しき]　6－4＝2
おり紙の数
子どもの数　たりない数
[こたえ]　2まい

ポイント

1 ６人が持っている色紙の数に余っている色紙の数をたすと，全部の数を求めることができます。

2 全部のおり紙の数から４人に配ったおり紙の数をひくと，残りのおり紙の数を求めることができます。

3 ６人の男の子に配る色紙の数と４人の女の子に配る色紙の数をたすと，全部の数を求めることができます。

4 おり紙を配る子どもの数からおり紙の数をひくと，たりない数を求めることができます。

74 たしざんと　ひきざん　たしざんと　ひきざん⑦　りかい

▶▶▶ほんさつ75ページ

1 [しき]　4＋3＝7
りんごより多い数
りんごの数　みかんの数
[こたえ]　7こ

2 [しき]　5＋4＝9
犬より多い数
犬の数　ねこの数
[こたえ]　9ひき

ポイント

もとの数に，もとの数よりも多い数をたすと，多いほうの数を求めることができます。

75 たしざんと　ひきざん　たしざんと　ひきざん⑦　りかい

▶▶▶ほんさつ76ページ

いちごより少ない数
1 ［しき］　7－2＝5
いちごの数　なしの数
［こたえ］　5こ

りすより少ない数
2 ［しき］　9－3＝6
りすの数　うさぎの数
［こたえ］　6ぴき

ポイント
もとの数から，もとの数よりも少ない数をひくと，
少ないほうの数を求めることができます。

76 たしざんと　ひきざん　たしざんと　ひきざん⑦　れんしゅう

▶▶▶ほんさつ77ページ

すずめより多い数
1 ［しき］　6＋3＝9
すずめの数　カラスの数
［こたえ］　9わ

赤い花より多い数
2 ［しき］　8＋4＝12
赤い花の数　白い花の数
［こたえ］　12ほん

ぶたより多い数
3 ［しき］　10＋2＝12
ぶたの数　羊の数
［こたえ］　12ひき

まみさんより多く持っている数
4 ［しき］　23＋5＝28
まみさんのシールの数　あずささんのシールの数
［こたえ］　28まい

77 たしざんと　ひきざん　たしざんと　ひきざん⑦　れんしゅう

▶▶▶ほんさつ78ページ

きつねより少ない数
1 ［しき］　8－3＝5
きつねの数　たぬきの数
［こたえ］　5ひき

青いくつより少ない数
2 ［しき］　12－7＝5
青いくつの数　白いくつの数
［こたえ］　5そく

ゆきさんより少ない数
3 ［しき］　14－4＝10
ゆきさんのカードの数　れいこさんのカードの数
［こたえ］　10まい

男の子より少ない数
4 ［しき］　36－3＝33
男の子の数　女の子の数
［こたえ］　33にん

78 たしざんと　ひきざん　たしざんと　ひきざん⑦　れんしゅう

▶▶▶ほんさつ79ページ

牛より多い数
1 ［しき］　9＋6＝15
牛の数　馬の数
［こたえ］　15とう

赤い紙より少ない数
2 ［しき］　7－2＝5
赤い紙の数　白い紙の数
［こたえ］　5まい

なおとさんより多くとった数
3 ［しき］　8＋2＝10
なおとさんのとった数　いおりさんのとった数
［こたえ］　10まい

絵本より少ない数
4 ［しき］　13－5＝8
絵本の数　図かんの数
［こたえ］　8さつ

79 たしざんと　ひきざんの　まとめ　やよいさんは　どこへ　いくの？

▶▶▶ほんさつ80ページ

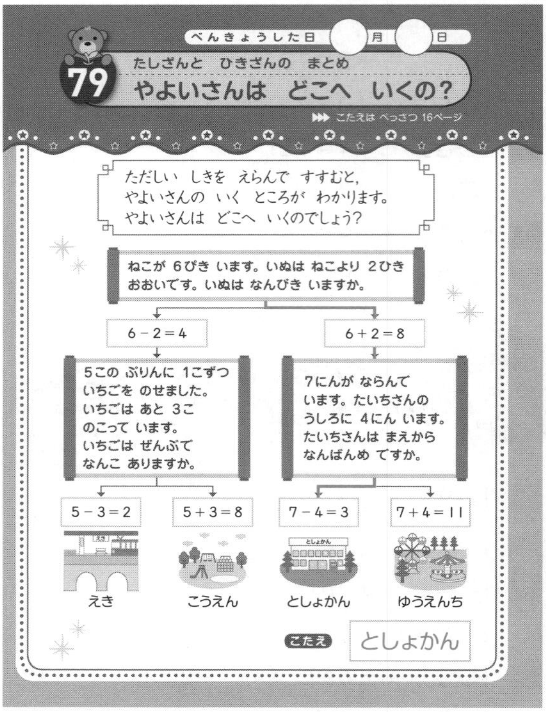
べんきょうした日　月　日
79 たしざんと　ひきざんの　まとめ
やよいさんは　どこへ　いくの？
▶▶▶ こたえは べっさつ 16ページ

ただしい　しきを　えらんで　すすむと，
やよいさんの　いく　ところが　わかります。
やよいさんは　どこへ　いくのでしょう？

ねこが 6ぴき います。いぬは ねこより 2ひき おおいです。いぬは なんびき いますか。

6－2＝4　／　6＋2＝8

5この ぷりんに 1こずつ いちごを のせました。いちごは あと 3こ のこって います。いちごは ぜんぶて なんこ ありますか。

7にんが ならんで います。たいちさんの うしろに 4にん います。たいちさんは まえから なんばんめ ですか。

5－3＝2　5＋3＝8　7－4＝3　7＋4＝11

こたえ　としょかん